周期表

10	11	12	13	14	15	16	17	18	族/周期
								2 **He** ヘリウム 4.003	1
			5 **B** ホウ素 10.81	6 **C** 炭素 12.01	7 **N** 窒素 14.01	8 **O** 酸素 16.00	9 **F** フッ素 19.00	10 **Ne** ネオン 20.18	2
			13 **Al** アルミニウム 26.98	14 **Si** ケイ素 28.09	15 **P** リン 30.97	16 **S** 硫黄 32.07	17 **Cl** 塩素 35.45	18 **Ar** アルゴン 39.95	3
28 **Ni** ニッケル 58.69	29 **Cu** 銅 63.55	30 **Zn** 亜鉛 65.38	31 **Ga** ガリウム 69.72	32 **Ge** ゲルマニウム 72.63	33 **As** ヒ素 74.92	34 **Se** セレン 78.97	35 **Br** 臭素 79.90	36 **Kr** クリプトン 83.80	4
46 **Pd** パラジウム 106.4	47 **Ag** 銀 107.9	48 **Cd** カドミウム 112.4	49 **In** インジウム 114.8	50 **Sn** スズ 118.7	51 **Sb** アンチモン 121.8	52 **Te** テルル 127.6	53 **I** ヨウ素 126.9	54 **Xe** キセノン 131.3	5
78 **Pt** 白金 195.1	79 **Au** 金 197.0	80 **Hg** 水銀 200.6	81 **Tl** タリウム 204.4	82 **Pb** 鉛 207.2	83 **Bi*** ビスマス 209.0	84 **Po*** ポロニウム (210)	85 **At*** アスタチン (210)	86 **Rn*** ラドン (222)	6
110 **Ds*** ダームスタチウム (281)	111 **Rg*** レントゲニウム (280)	112 **Cn*** コペルニシウム (285)	113 **Nh*** ニホニウム (284)	114 **Fl*** フレロビウム (289)	115 **Mc*** モスコビウム (288)	116 **Lv*** リバモリウム (293)	117 **Ts*** テネシン (293)	118 **Og*** オガネソン (294)	7

63 **Eu** ユウロピウム 152.0	64 **Gd** ガドリニウム 157.3	65 **Tb** テルビウム 158.9	66 **Dy** ジスプロシウム 162.5	67 **Ho** ホルミウム 164.9	68 **Er** エルビウム 167.3	69 **Tm** ツリウム 168.9	70 **Yb** イッテルビウム 173.1	71 **Lu** ルテチウム 175.0
95 **Am*** アメリシウム (243)	96 **Cm*** キュリウム (247)	97 **Bk*** バークリウム (247)	98 **Cf*** カリホルニウム (252)	99 **Es*** アインスタイニウム (252)	100 **Fm*** フェルミウム (257)	101 **Md*** メンデレビウム (258)	102 **No*** ノーベリウム (259)	103 **Lr*** ローレンシウム (262)

Guide to Materials Science and Engineering

物質工学入門シリーズ

基礎からわかる
高分子材料

POLYMERIC MATERIALS

井上 和人
清水 秀信
岡部 勝
[共著]

森北出版株式会社

シリーズ編集者

笹本　忠
神奈川工科大学名誉教授　工学博士

高橋　三男
東京工業高等専門学校名誉教授
大妻女子大学家政学部教授　理学博士

執　筆　者

井上　和人
第1章，第2章，第4章，第5章，第7章

清水　秀信
第6章

岡部　勝
第1章，第2章，第3章，第4章

●本書のサポート情報を当社Webサイトに掲載する場合があります．下記のURLにアクセスし，サポートの案内をご覧ください．
https://www.morikita.co.jp/support/

●本書の内容に関するご質問は，森北出版 出版部「(書名を明記)」係宛に書面にて，もしくは下記のe-mailアドレスまでお願いします．なお，電話でのご質問には応じかねますので，あらかじめご了承ください．
editor@morikita.co.jp

●本書により得られた情報の使用から生じるいかなる損害についても，当社および本書の著者は責任を負わないものとします．

■本書に記載している製品名，商標および登録商標は，各権利者に帰属します．

■本書を無断で複写複製（電子化を含む）することは，著作権法上での例外を除き，禁じられています．複写される場合は，そのつど事前に(一社)出版者著作権管理機構（電話03-5244-5088, FAX03-5244-5089, e-mail:info@jcopy.or.jp）の許諾を得てください．また本書を代行業者等の第三者に依頼してスキャンやデジタル化することは，たとえ個人や家庭内での利用であっても一切認められておりません．

シリーズまえがき

　いつの時代でも，大学・高専で行われる教育では，教科書の果たす役割は重要である．編集者らは，長年にわたって化学の教科を担当してきたが，その都度，教科書の選択には苦慮し，また実際に使ってみて不具合の多いことを感じてきた．

　欧米の教科書の翻訳書には，内容が詳細・豊富で丁寧に書かれた良書が多数存在するが，残念なことにそのほとんどの本が，日本の大学や高専の講義用の教科書に使うには分量が多すぎる．また，日本の教科書には分量がほどよく，使いやすい教科書が多数あるが，その多くは刊行されてからかなりの時間がたっており，最近の成果や教育内容の変化を考慮すると，これもまた現状に合わない状態にある．

　このような状況のもとで教科書の内容の過不足を感じていたときに，大学・高専の物質工学系学科のための標準的な基礎化学教科書シリーズの編集を担当することとなった．この機会に教育経験の豊富な先生方にご執筆をお願いし，編集者らが日頃求めている教科書づくりに携わることにした．

　編集者らは，よりよい教育を行うためには，『よき教育者』と『よき教科書』が基本的な条件であり，『よき教科書』というのは，わかりやすく，順次読み進めていけば無理なく学力がつくように記述された学習書のことであると考えている．私どもは，大学生・高専生の教科書離れが生じないよう，彼らに親しまれる教科書となることを念頭の第一におき，大学の先生と高専の先生との共同執筆とし，物質工学系の大学生・高専生のための物質工学の基礎を，大学生・高専生が無理なく理解できるように懇切丁寧に記述することを編集方針とした．

　現在，最先端の技術を支えているのは，幅広い領域で基礎力を身につけた技術者である．基礎力が集積されることで創造性が育まれ，それが独創性へと発展してゆくものと考えている．基礎力とは，樹木に喩えると根に相当する．大きな樹になるためには，根がしっかりと大地に張り付いていないと支えることができない．根が吸収する養分や水にあたるものが書物といえる．本シリーズで刊行される各巻の教科書が，将来も『座右の書』としての役割を果たすことを期待している．

シリーズ編集者
笹本　忠・高橋三男

はじめに

　高分子材料は，巨大分子の骨格構造が連鎖となり得る炭素原子からおもにできている有機化合物であるため，軽くて，丈夫で，しかも成形しやすい特徴をもつ魅力的な素材である．ポリバケツ，クリアファイル，消しゴム，コンタクトレンズ，人工関節，人工透析，光ディスク，携帯電話，タブレット端末，タイヤ，そして衣類などの身近な繊維から宇宙服や防弾チョッキに使われるスーパー繊維に至るまで，高分子材料は，各所で私達の生活を豊かにし，産業を支え，そして生命を守っている．いまや高分子材料は，化学系や生物系の基礎科目であるばかりか，機械系や電気系などの学生にも学んでほしい教科である．すべての製品は，材料力学や電気回路の原理とともに，それを構成している各種の金属材料，無機材料，そして高分子材料を適材適所に用いることにより生み出されるからである．

　本書は，大学の学部2，3年生および高専の4，5年生を対象とした高分子材料，有機材料，材料化学，および高分子化学の入門的教科書として企画された．そのために，第1，2章では，高分子の基礎から解き明かしている．化学は，物質や生命の本質を明らかにする純粋な学問であるだけでなく，基礎と応用が直結している実用的な学問分野である．学生諸君には，本書を通じて分子設計と製品開発の面白さを追体験し，化学の無限の可能性に挑戦してほしい．そのためには，分子構造（一次構造）だけでなく，平面ジグザグ構造やらせん構造などの二次構造，および球晶などの高次構造と物性との関係の理解が極めて重要である．第3章の高分子の構造では，これらを独自の図や写真を用いてわかりやすく解説した．高分子材料の力学的性質は，製品開発に携わる技術者に不可欠の知識である．粘弾性の基本を理論とデータを用いて第4章で解説し，高分子材料を実際に使用する際の注意点にも触れた．第5章と第6章で，先端社会を支える高性能高分子材料と機能性高分子材料をそれぞれ取り上げている．第7章は，高分子材料の各産業分野への使用例を写真と図を用いて紹介した総集編である．第1章と第2章を学習した後に第7章に進み，高分子材料の実例を先に見て，その全体像を捉えることもできる．

　なお，本書は材料に力点をおいているため，高分子合成の速度論的な取り扱いを省いたので，必要に応じて教授者に補っていただければ幸いである．

　本書を執筆にするにあたり，多くの成書や材料メーカーの技術資料を参考にさせていただいた．それらの著者ならびに写真を御提供いただいた多くの企業や研究機関の方々に心から御礼申し上げる．また，神奈川工科大学の和田理征博士には，第3章と第4章のデータの測定をしていただいた．さらに，神奈川工科大学・応用バイオ科学科の岡部研究室と清水研究室，ならびに福島高専・

物質工学科の井上研究室の学生諸君には，図表の作成を手伝っていただいた．これらの皆様に感謝申し上げる．本書をわかりやすい教科書にするために，森北出版株式会社の大橋貞夫氏と太田陽喬氏より的確なご助言をいただくことができた．著者らは，お二人の出版にかける熱意と努力に敬意を表する次第である．

2015 年 10 月

執筆者一同

目次

第1章 高分子材料入門 — 1
- 1.1 高分子の世界 — 1
- 1.2 3大工業材料 — 2
- 1.3 高分子材料の歴史 — 2
- 1.4 高分子材料と化学工業の流れ — 4
  - 1.4.1 本書の構成 — 4
  - 1.4.2 高分子材料開発の具体例 — 5
- 演習問題1 — 6

第2章 高分子の基礎 — 7
- 2.1 高分子とモノマー — 7
- 2.2 高分子の合成法 — 7
  - 2.2.1 付加重合 — 8
  - 2.2.2 重縮合 — 10
  - 2.2.3 重付加 — 10
  - 2.2.4 付加縮合 — 10
  - 2.2.5 開環重合 — 11
- 2.3 分子量分布と平均分子量 — 12
- 2.4 平均分子量の測定 — 14
- 2.5 高分子の存在状態 — 16
- 2.6 高分子固体の二相構造 — 16
- 2.7 高分子の熱的性質 — 17
- 2.8 高分子の溶解性 — 19
- 2.9 高分子鎖の形態と性質 — 20
- 2.10 高分子の成形加工の基本 — 21
  - 2.10.1 圧縮成形 — 21
  - 2.10.2 押出成形と射出成形 — 21
  - 2.10.3 溶液からの成形 — 22
- 演習問題2 — 23

第3章 高分子の構造 — 24
- 3.1 一次構造，二次構造，高次構造 — 24
  - 3.1.1 一次構造 — 24
  - 3.1.2 二次構造 — 25
  - 3.1.3 高次構造 — 26
  - 3.1.4 一次構造・二次構造・高次構造の関係 — 29
- 3.2 高分子鎖の結合様式と立体構造 — 31
  - 3.2.1 ビニル系モノマーが結合する場合 — 31
  - 3.2.2 ジエン系モノマーが結合する場合 — 33
- 3.3 結晶化度 — 35
  - 3.3.1 結晶化度 X_c の定義 — 36
  - 3.3.2 熱分析法による結晶化度の測定 — 37
  - 3.3.3 密度法による結晶化度の測定 — 38
- 3.4 一次構造が固体物性に及ぼす影響 — 38
- 3.5 結晶化が起こりやすい構造とコンホメーション — 41
- 3.6 高分子材料の劣化 — 43
  - 3.6.1 紫外線による高分子鎖の切断 — 43
  - 3.6.2 オゾンによる分解 — 43
  - 3.6.3 微生物による分解 — 44
- 演習問題3 — 46

第4章 高分子の力学的性質 — 49
- 4.1 分子量と材料の強度 — 49
- 4.2 弾性率 — 51
- 4.3 ゴムの弾性と金属の弾性 — 51
  - 4.3.1 エントロピー弾性 — 52
  - 4.3.2 エネルギー弾性 — 53
  - 4.3.3 エントロピー項と内部エネルギー項の両方に寄与する場合 — 53
- 4.4 高分子材料の変形挙動 — 53
  - 4.4.1 粘弾性 — 53
  - 4.4.2 応力緩和 — 54
  - 4.4.3 クリープ現象 — 55
  - 4.4.4 瞬間弾性と永久ひずみ（3要素モデル） — 57
  - 4.4.5 4要素モデル — 58
  - 4.4.6 動的粘弾性 — 59
- 演習問題4 — 61

第5章 高性能高分子材料 — 62
- 5.1 プラスチック — 62
- 5.2 エンジニアリングプラスチック — 63
  - 5.2.1 ポリカーボネート — 63
  - 5.2.2 ポリアセタール — 64
  - 5.2.3 ナイロン樹脂（脂肪族ポリアミド） — 66
  - 5.2.4 ポリブチレンテレフタラート — 68
  - 5.2.5 変性ポリフェニレンエーテル — 70
  - 5.2.6 シンジオタクチックポリスチレン — 70
  - 5.2.7 ポリグリコール酸 — 71
- 5.3 スーパーエンジニアリングプラスチック — 73
  - 5.3.1 ポリフェニレンスルフィド — 73
  - 5.3.2 ポリエーテルエーテルケトン — 75
  - 5.3.3 ポリエーテルスルホン — 75
  - 5.3.4 ポリアリレート — 76
  - 5.3.5 ポリイミド — 79
- 5.4 スーパー繊維 — 83
  - 5.4.1 耐熱性繊維 — 83
  - 5.4.2 高強度・高弾性率繊維 — 84
- 演習問題5 — 88

第6章　機能性高分子材料 —— 90
- 6.1　機能性高分子材料とは何か —— 90
- 6.2　生分解性プラスチック —— 92
- 6.3　感光性材料 —— 94
  - 6.3.1　感光性高分子 —— 95
  - 6.3.2　感光性高分子の応用例 —— 97
- 6.4　感温性材料 —— 99
  - 6.4.1　感温性はどのような機構で発現するのか —— 99
  - 6.4.2　感温性材料の応用例 —— 103
- 6.5　高吸水性材料 —— 105
  - 6.5.1　吸水機構 —— 106
- 演習問題6 —— 109

第7章　高分子材料の使用例 —— 110
- 7.1　自動車への使用例 —— 110
  - 7.1.1　バンパー —— 110
  - 7.1.2　ヘッドライト —— 111
  - 7.1.3　テールランプ —— 111
  - 7.1.4　インストルメントパネル —— 112
  - 7.1.5　エンジンルーム内 —— 112
  - 7.1.6　ガソリンタンク —— 113
  - 7.1.7　タイヤ —— 114
  - 7.1.8　ブレーキ —— 114
- 7.2　電気分野への使用例 —— 115
  - 7.2.1　コンセント，スイッチ，ブレーカー —— 115
  - 7.2.2　電線被覆材料 —— 116
  - 7.2.3　プリント配線板，IC封止材 —— 117
  - 7.2.4　CD, DVD, ピックアップレンズ —— 118
  - 7.2.5　光ファイバー —— 119
- 7.3　医療分野への使用例 —— 119
  - 7.3.1　眼内レンズ —— 119
  - 7.3.2　コンタクトレンズ —— 119
  - 7.3.3　人工透析 —— 120
  - 7.3.4　人工関節 —— 121
  - 7.3.5　注射器 —— 121
- 7.4　文房具への使用例 —— 122
  - 7.4.1　定規 —— 122
  - 7.4.2　ファイル，筆箱 —— 122
  - 7.4.3　消しゴム —— 123
- 7.5　衣料への使用例 —— 123
  - 7.5.1　ナイロン —— 123
  - 7.5.2　エステル —— 124
  - 7.5.3　アクリル —— 125
- 7.6　その他の使用例 —— 125
  - 7.6.1　食品包装用ラップフィルム —— 125
  - 7.6.2　家庭用品 —— 126
  - 7.6.3　人形 —— 127
  - 7.6.4　プラモデル —— 127
- 演習問題7 —— 129

付表 —— 130
演習問題解答 —— 135
さくいん —— 145

付録 —— 134
参考文献 —— 143

第 1 章
高分子材料入門

人類は，道具を使うことにより進歩してきた．その素材は石器にはじまり，青銅を経て鉄が出現し，産業革命をもたらした．20世紀の鉄の時代を経て21世紀を迎えた現在は，高分子材料の時代であるといっても過言ではない．それほど，プラスチックをはじめ，合成繊維，合成ゴムなどの高分子材料を使用した製品が，現代生活のあらゆる分野で使われているのである．本章では，高分子材料の世界に皆さんを案内し，高分子材料の有用性を示す．

KEY WORD

高分子材料	金属材料	無機材料	ゴム	繊維
プラスチック	天然高分子	合成高分子	リサイクル	生分解性高分子
分子設計	材料設計

1.1 高分子の世界

　高分子（polymer，ポリマー）とは，分子量が数千以上から数百万に達する，非常に大きな分子である．植物を支えるセルロース，動物の身体を構成しているタンパク質，そして，ポリエチレンやポリプロピレン，ナイロンやポリエステルのようなプラスチックや繊維として，われわれの身の周りに存在する物質が，いずれも高分子からできている．

　これに対して，分子量が数百以下の比較的小さな分子を低分子という．水，酸素，窒素，塩，お

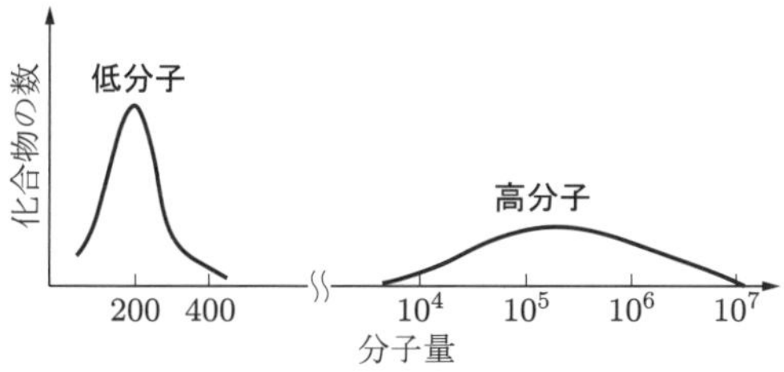

●図1.1● 低分子と高分子の世界

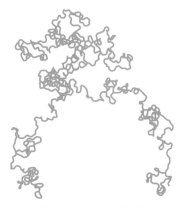

●図1.2● 高分子のイメージ［L. R. G. Treloar："Introduction to Polymer Science", SPRINGER-VERLAG（1970年）より転載］

よび砂糖などが，われわれの周囲に多く存在する低分子物質である．

この世の中に存在する物質を分子量で分類してみると，図1.1に示すように，分子量が500くらいまでの低分子と，分子量が数千以上の高分子の二つの物質界があり，分子量が1000付近の物質は意外と少ないことがわかる．

ここで，高分子とよばれる巨大分子のイメージを，図1.2に示す．高分子を溶媒に溶かして希薄溶液にすると，この図に近い形態になる．

1.2 3大工業材料

スマートフォンに代表される携帯電話，パソコン，タブレットなどの高機能製品は，電子回路の技術によるところが大きいが，これに加えて，高分子材料を使用することにより，小型化，軽量化，そして高信頼化が達成されている．さらに，ICを守る封止材にも，これらを実装する回路基板にも，高分子は必須の材料である．機械製品も，力学の原理だけで動くものではない．その製品を構成している金属材料や高分子材料などが適材適所に用いられることで，はじめてスムースな動きが得られる．

図1.3に，3大工業材料の骨格構造を示す．セラミックスを中心とする無機材料は，おもにケイ素と酸素の結合から主鎖ができている無機高分子である．一方，高分子材料は，主鎖がおもに炭素と炭素の共有結合からできている有機高分子である．一方，鉄のような金属は，一般には金属結合とよばれているが，これは自由電子を介した巨大分子であるとみることもできる．

10円硬貨は銅，1円はアルミニウム，5円は真鍮（合金）からできていることを，多くの人は知っているだろう．しかし，レジ袋やごみ袋はポリエチレンからできていると答えられる人は少ない

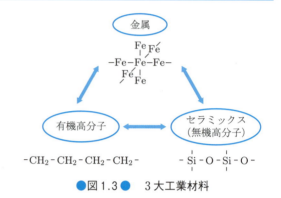

●図1.3● 3大工業材料

のではないだろうか．まして，高密度ポリエチレンと低密度ポリエチレンの構造と性質の違いを説明できる人はほとんどいないだろう．テレビのアナウンサーは，フィルム製品をビニールと読んでわれわれに伝えているし，ナイロンとよんでいる人々も少なくない．

ポリエチレン，ポリプロピレン，ポリ塩化ビニル，ポリカーボネートなどのいくつかの高分子材料の名称とその特性を知ることは，ごみ処理の問題やリサイクルでの効率化の一歩になる．

高分子材料の具体的な使用例は，第7章にまとめてある．適宜参照してほしい．

1.3 高分子材料の歴史

高分子材料の代表格である，繊維，ゴム，そして合成樹脂（プラスチック）の開発史を付表1.1にまとめて示す．これらの産業は，高分子化学という学問分野が成立する以前から存在し，人々の生活を支えていた．

グッドイヤーは，1840年に，生ゴムに硫黄を加えて加熱することにより，これを改質する技術を発明した．加硫とよばれるこの技術により，天然ゴムは，はじめて単独でも利用できるようになった．彼は当時，20歳の青年実業家であり，化学者でも化学技術者でもなかった．

世界初の合成樹脂であるベークライト®の工業

生産は，1910年にはじまり，現在に至るまで絶縁材料として電気産業を支え続けている．開発者のベークランド教授は，アメリカ化学会会長を務めた程の化学者であったが，これが高分子であるとの認識はなかった．

高分子の概念は，1926年にドイツのシュタウディンガー博士[*1]によってもたらされた．当時の名だたる学者達は，セルロースやゴムは，低分子の集合体（コロイド）であるとする低分子説を主張していた．これに対して，シュタウディンガーはただ一人，セルロースなどが巨大分子であることを種々のデータから打ち出した．これが高分子説である．

アメリカの有機化学者，カローザスは，シュタウディンガーの高分子説をいち早く取り入れることにより，1932年に合成ゴムのネオプレン®（一般名ポリクロロプレン），ついで1938年に合成繊維のナイロン66の工業化にそれぞれ成功した．両者とも，現在も広く使用されている有用な高分子材料である．さらに，高分子の概念が確立して高分子化学が発展するにともない，塩ビ（ポリ塩化ビニル）を皮切りに，ブチルゴム，ポリエステル繊維，アクリル繊維，ポリエチレン，ポリプロピレンをはじめとする，多くの高分子材料が続々と生産され，世界中の人々の生活と産業を支えるに至った．

図1.4に，世界における高分子材料の産業別生産量と，天然と合成の内訳を示す．ゴムと繊維は，合成品だけでなく天然素材が重要な地位を占めていることが生産量からもわかる．一方，プラスチックは，そのほとんどが合成樹脂である．天然樹脂の代表例である松脂は，高分子物質でないので，脆く，構造材料に用いることはできない．ただし，松脂は，インクのにじみ防止剤として，製紙産業では極めて有用である．

天然高分子のセルロースは，植物内で炭酸同化作用により作られるため，日光や酸化に強い．世界最古の木造建築の法隆寺は，1200年の風雪に絶え，いまに歴史を伝えている．一方，ほとんどの合成高分子は，表1.1のように光には比較的弱く，日光が当たる所で長時間使用すると強度が徐々に劣化するが，地中の微生物により分解されて腐ることはない．そのために問題となるのが，プラスチック製品やごみ袋やパンの包装紙など合成高分子のごみ問題である．

■表1.1■ 自然界での高分子材料の安定性

	天然高分子	合成高分子
微生物	分解する	分解せず安定
光	強く安定	弱く強度劣化する

ポリエチレンやポリプロピレンは，焼却炉の内部燃料となり生ごみの燃焼を助けるので，サーマルリサイクルにも一役買っている．しかし，ポリ塩化ビニルは，焼却炉の熱で分解して塩化水素を発生し，焼却炉を傷める．それだけでなく，酸性雨や，ダイオキシンの原因物質となるので，マテ

```
            ┌ ゴム        ┌ 天然ゴム（1100万トン/年）
            │ 2610万トン/年 └ 合成ゴム（1510万トン/年）：SBゴム，クロロプレンゴム，ブチルゴム
            │
            │              ┌ 天然繊維（3300万トン/年）：絹，綿，羊毛，麻
高分子材料 ─┤ 繊維         │                          ┌ 再生繊維：レーヨン
            │ 8400万トン/年 └ 化学繊維（5100万トン/年）：┤ 半合成繊維：アセテート
            │                                          └ 合成繊維：ポリエステル，ナイロン，アクリル
            │
            │ プラスチック  ┌ 天然樹脂：松脂（140万トン/年），漆，コハク
            └ 28200万トン/年 └ 合成樹脂（28000万トン/年）：ポリエチレン，ポリスチレン，ポリプロピレン，
                                                         ポリカーボネート，フェノール樹脂
```

●図1.4● 高分子材料の産業別分類と世界の生産量（2011年）

[*1] H. Staudinger（1881〜1965）：高分子の概念の確立と鎖状高分子化合物の研究に対する業績により，1953年にノーベル化学賞を受賞．

リアルリサイクルが行われており，農ビ（農業用ポリ塩化ビニル）の回収率は71％に達している．

近年，使用中は従来のプラスチックと同等の強度をもちながら，使用後には，河川，海，土壌などの自然界に存在する微生物により分解され，最終的に水と二酸化炭素に戻る，生分解性プラスチックが開発されている．この種の高分子の多くは，図1.5に示すように，高分子鎖中にα-オキシ酸由来のエステル結合をもっている．この部分が，微生物により分解されて短くなり，微生物の栄養源となる．

代表的な生分解性ポリマーの**ポリ乳酸**（poly (lactic acid), PLA）は，農業用ハウスフィルムや，畑の地温を高め，草を生やさないようにする目的で野菜の栽培に使われる生分解性マルチフィルムとして，実用化されはじめている．ポリエチレンやポリプロピレンなどの通常のポリマーの原料は，基本的には「石油由来」の物質であるのに対して，

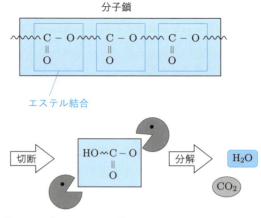

● 図1.5 ● エステル結合をもつ生分解性ポリマーとその分解

ポリ乳酸の原料である乳酸は，再生可能な「とうもろこし」や「さつまいも」などのデンプンを微生物発酵させて製造される．つまり，ポリ乳酸は「植物由来」の原料から合成されるという大きな特徴がある（6.2節参照）．

1.4 高分子材料と化学工業の流れ

1.4.1 本書の構成

合成高分子は化学工業の原料から合成され，これからプラスチック，フィルム，繊維，ゴムなどの高分子製品が作られる．これらの一連の化学と工業の流れに，本書の各章の構成を加えて図1.6に示す．

高分子（ポリマー）は，**モノマー**（単量体）とよばれる分子量の小さな低分子から多段階の化学反応により合成される．この反応を重合反応といい，生成する物質が高分子である．重合反応は，

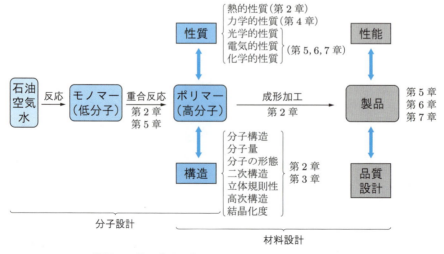

● 図1.6 ● 高分子製品ができるまでのフローシート

第2章で全般的に，第5章では各論的に学習する．さらに，第2章で高分子の分子量，熱的性質，および溶解性などの基礎的な事項に加え，高分子材料に製品の形状を与える成形加工の概略を見る．第3章で高分子の分子構造，二次構造，および高次構造で学習し，高分子の構造と性質との関係を解説する．高分子材料は，熱的な性質や力学的性質（第4章）などの諸特性を生かした材料設計がなされ，最終製品が作られていく．製品の性能は，実用試験を経て品質設計にフィードバックされ，製品は改良され，市場にでる．

高分子材料は，その性能と機能から図1.7のように分類される．日常生活に深く浸透しているポリプロピレンやポリスチレンなどの汎用高分子材料に加え，現在では，高性能高分子材料（第5章）や機能性高分子材料（第6章）が作られ，近年の高度化社会の需要に応じて加速度的にその開発が進められている．

第7章では，高分子材料の身近な使用例が，写真と図を用い，採用理由を含めて紹介されている．各種ポリマーの分子構造と特性のデータがまとめられているので，各章の学習の際にも活用されたい．

1.4.2 高分子材料開発の具体例

材料開発の具体例を，三井化学の熱可塑性ポリイミド（オーラム®）の開発で見ることができる．従来のポリイミドは，熱安定性が高すぎて融解しない非熱可塑性高分子であった．すなわち，熱を加えても可塑化しない材料であるため，三次元の製品を作るのは難しく，もっぱらポリアミド酸の溶液流延法により，フィルム製品を製造していた．三井化学の研究陣はこの壁を破り，熱安定性を少し落としてでも成形性に優れた熱可塑性のポリイミドの有用性を見据えて分子設計を行い，実に50種以上に及ぶ新しいモノマー（ジアミン化合物）の合成を行った．これらのジアミンと5種類のもう一つの既存のモノマー（ジカルボン酸二無水物）との重合反応により，約250種のポリイミドが合成された．得られたポリマーの構造を調べ，物性を評価してポリマーの構造と流動性などの性質の関係を明らかにする組織的な研究により，ついに融点388℃の熱可塑性ポリイミドの合成に成功した．このようにして開発されたポリマーがオーラム®である（図1.8参照）．さらに，モノマー合成からポリマー合成までの一貫した生産技術を確立するためのベンチプラント，パイロットプラントなどの製造研究，さらに，射出および押出成形，各種強化繊維との複合化などの実用化をめざした応用加工研究を経て，オーラム®は，航空機部材をはじめ，自動車や各種産業機器分野などで極めて重要な新素材に発展している（5.3.5(d)参照）．

●図1.7● 高分子材料の分類と本書の構成

合成高分子
- 汎用高分子材料（第7章）: 4大プラスラスチック，3大合成繊維，汎用ゴム（天然ゴム，SBRなど）
- 機能性高分子材料（第6章）: 電子材料，医用材料，生分解性材料，高吸水性材料，刺激応答性材料など
- 高性能高分子材料（第5章）: エンジニアリングプラスチック，耐熱性高分子，高強度高分子など

（a）ペレット

成形加工→

（b）ねじ，小型ケミカルギヤポンプ，歯車
（炭素繊維30%入り成形品）

●図1.8● オーラム®（熱可塑性ポリイミド）のペレットと成形品
（資料提供：三井化学㈱・山口彰宏氏）

Coffee Break

加硫ゴムの発明

生ゴムは，弾性が小さく，冬はかちかち，夏はべたべたで，単独では使える代物ではなく，改質が求められていた．

アメリカのグッドイヤー（Goodyear, 図1.9）は，生ゴムに硫黄をまぜて加熱すると弾性が増すことを発見した．彼は資金繰りに行き詰まり，夜逃げをしたときに硫黄の入った鍋を生ゴムの上にこぼしてしまったのである．

彼が偶然の機会から見い出した加硫の技術は，現在もなおゴムに命を与える必須のプロセスとなっている．ゴム工業史上，不朽の発明といわれるゆえんである．

● 図 1.9 ● Charles Goodyear
（1800〜1860）

演・習・問・題・1

1.1
エチレン，$CH_2=CH_2$ の分子量は，28.0である．2000個のエチレンが，二重結合を開いて一本の鎖状高分子，$-(CH_2-CH_2)_{2000}-$ に成長したときのポリエチレンの分子量を計算せよ．

1.2
分子量が208000のポリスチレンの，炭素鎖に沿った長さを計算せよ．ただし，C-C間の結合距離は，0.154 nmである．また，C=12.0，H=1.0とする．

第2章
高分子の基礎

この章では，高分子材料を学ぶうえで知っておきたい高分子の科学と工学の基礎的事項を取り上げる．最初に，高分子を合成する重合反応を概観し，高分子の全体像を掴む．高分子は，分子量がとてつもなく大きいうえに，分子量分布をもっているので，高分子の特性を反映するために，普通の平均分子量のほかに，重量平均分子量などが使われる．さらに，物質の存在状態を再確認し，高分子の熱的性質や溶解性の基礎を学ぶとともに，この特性を利用して高分子製品を作る成形法のさわりを紹介する．

KEY WORD

重合反応	付加重合	重縮合	重付加	付加縮合
分子量分布	平均分子量	粘度	結晶化度	膨潤
ガラス転移点	融点	軟化点	線状高分子	分岐状高分子
網状高分子	熱可塑性樹脂	熱硬化性樹脂	成形法	

2.1 高分子とモノマー

われわれの周囲には，天然，合成を問わず多くの高分子物質が存在する．生体内の巧妙な反応で作られるセルロースやタンパク質などの高分子を，フラスコの中で合成するのは極めて難しい．そこで，化学者は，高分子（ポリマー）を合成するためのモノマー（単量体）を見い出した．図2.1に，おもなモノマーの分子構造を示す．エチレンの置換体，共役ジエン，さらにジアミンやジカルボン酸などの2官能性化合物，ある種の環状化合物などが，高分子を合成するモノマーになる．

ポリマーは，モノマーが互いに化学反応で結合して得られる．われわれが，日常生活で使用している身近な合成高分子の構造と名称を，図2.2に示す．

高分子の化学式は，括弧内の繰り返し単位（構造単位）の右下に結合したモノマーの個数を示すnをつけて，$-(CH_2-CH_2)_n-$ のように表す．なお，nは，重合度とよばれる極めて大きな正数である．たとえば，ポリ袋やレジ袋に使われている通常のポリエチレンのnは，700〜9000に達する．これだけの数のエチレンが，二重結合を開きながら互いに結合して，一つの巨大分子を形成している．

2.2 高分子の合成法

本節では，高分子合成法の全体像をわかりやすく把握するため，付加反応や縮合反応など反応形式により分類して説明する．

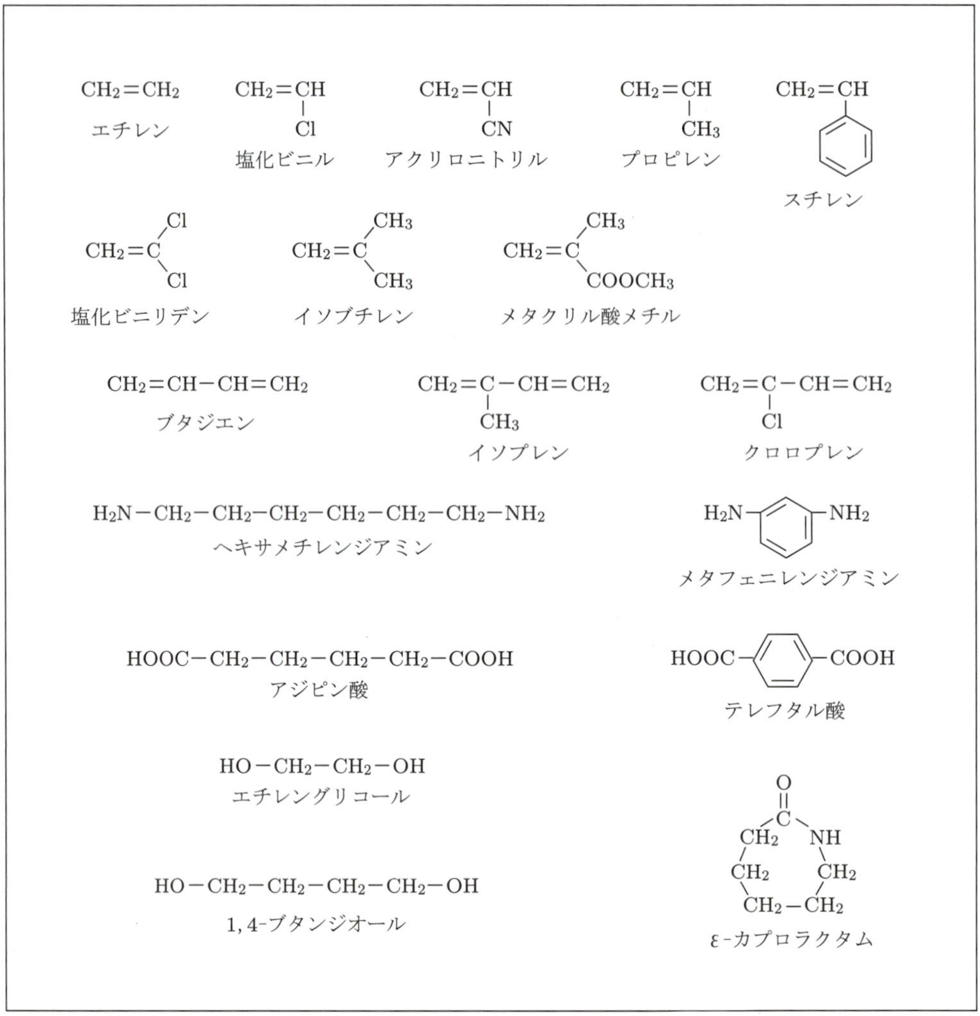

●図2.1● おもなモノマーの分子構造と名称

2.2.1 付加重合

化学反応によって結合が生成するときに，いかなる分子もはずれない反応形式を，有機化学では付加反応という．**付加重合**（addition polymerization）は，この付加反応が連鎖的に繰り返されて高分子を生成する反応で，その例を図2.3に示す．

エチレンとその1-置換体（ビニル化合物），1,1-二置換体（ビニリデン化合物），および共役ジエンが付加重合のおもなモノマーになる．塩化ビニル，スチレン，アクリロニトリル，塩化ビニリデン，メタクリル酸メチルなどがその具体例である．これらを2種以上同時に反応させると，**共重合体**（copolymer）が得られる．

付加重合は，反応機構により，ラジカル重合，アニオン重合，およびカチオン重合にさらに分類される．いずれの場合も，基本的には炭素と炭素との結合により高分子の主鎖が形成される．ポリエチレン，ポリ塩化ビニル，ポリスチレンなど多くのポリマーが，図2.3の（a）のラジカル付加重合で合成される．ただし，プロピレンは，ラジカル重合では合成できない．チーグラー–ナッタ触媒を用いる（c）のアニオン重合により，合成が可能になった．また，エチレンのアニオン重合で製造されるポリエチレンは，分岐の少ない高密度ポリエチレンになる．（c）のカチオン重合の工業

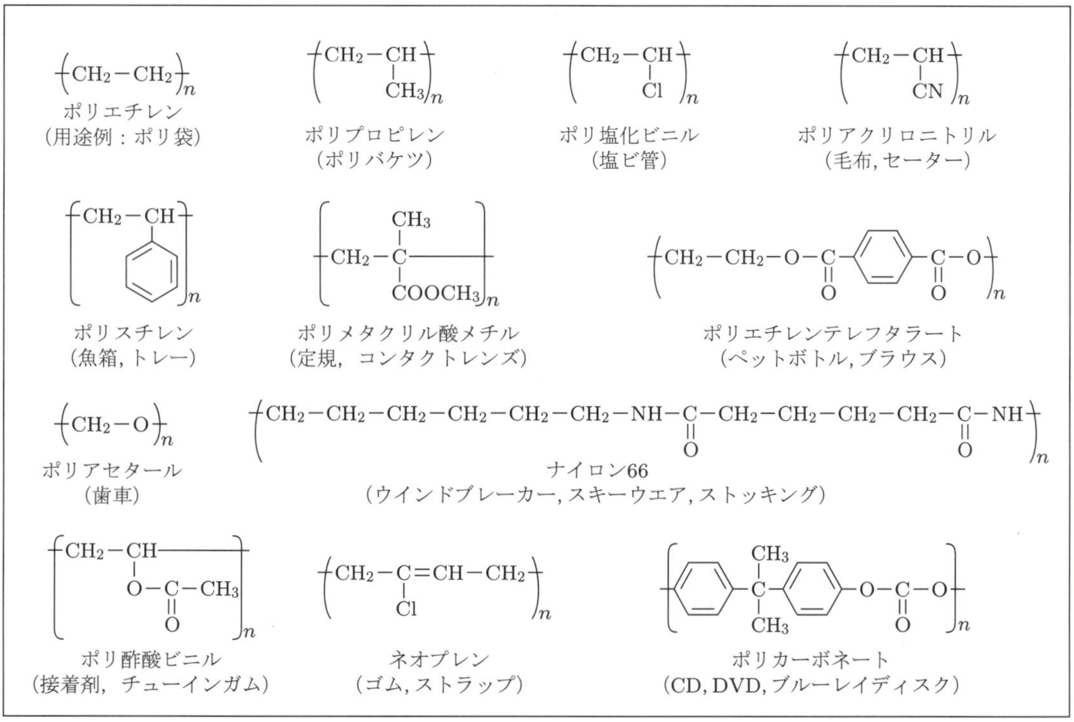

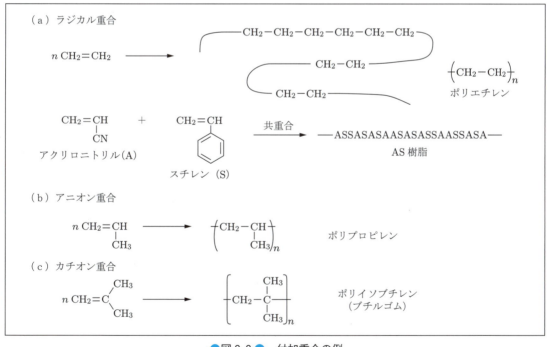

●図2.2● 身近な高分子の分子構造と名称

●図2.3● 付加重合の例

的応用例は少ないが，イソブチレンからブチルゴムを作る反応があげられる．このゴムは気体に対しての高い不透過性を備えており，タイヤのチューブなどに使われる．

2.2.2 重縮合

酢酸とエタノールから酢酸エチルが生成するときに，水がとれる．このように，結合の生成にともない水などの比較的小さな分子が脱離する反応を，有機化学では縮合反応という．これを 2 官能性化合物どうしの反応に拡張した重合反応が，**重縮合**（polycondensation）である．

図 2.4 の（a）と（b）に示すように，ジアミンとジカルボン酸およびその酸塩化物からナイロン（脂肪族ポリアミド）やアラミド（芳香族ポリアミド）が得られる．ジオールとジカルボン酸からは（c）のポリエステルが生成し，合成繊維やペットボトルの原料として使われる．この重縮合は，一段一段と進む反応であるので，物理化学的には逐次反応である．

2.2.3 重付加

付加反応が，連鎖的ではなく一段一段と徐々に繰り返されて高分子が生成する反応を，**重付加**（polyaddition）という．すなわち，付加重合と重付加は同じ付加反応であっても，前者が連鎖反応，後者が逐次反応であるという違いがある．ジイソシアナートとジオールからポリウレタンを生成する重付加の例を図 2.5 に示す．

2.2.4 付加縮合

付加反応と縮合反応が交互に繰り返し起こることにより高分子が生成する重合反応を，付加縮合という．図 2.6 に，付加縮合の例として，フェノール樹脂の合成を示す．フェノールは，ヒドロキシル基により，オルト位とパラ位の反応性が高められているので，ホルムアルデヒドの炭素は，この部位に付加する．付加体（2 量体）はフェノー

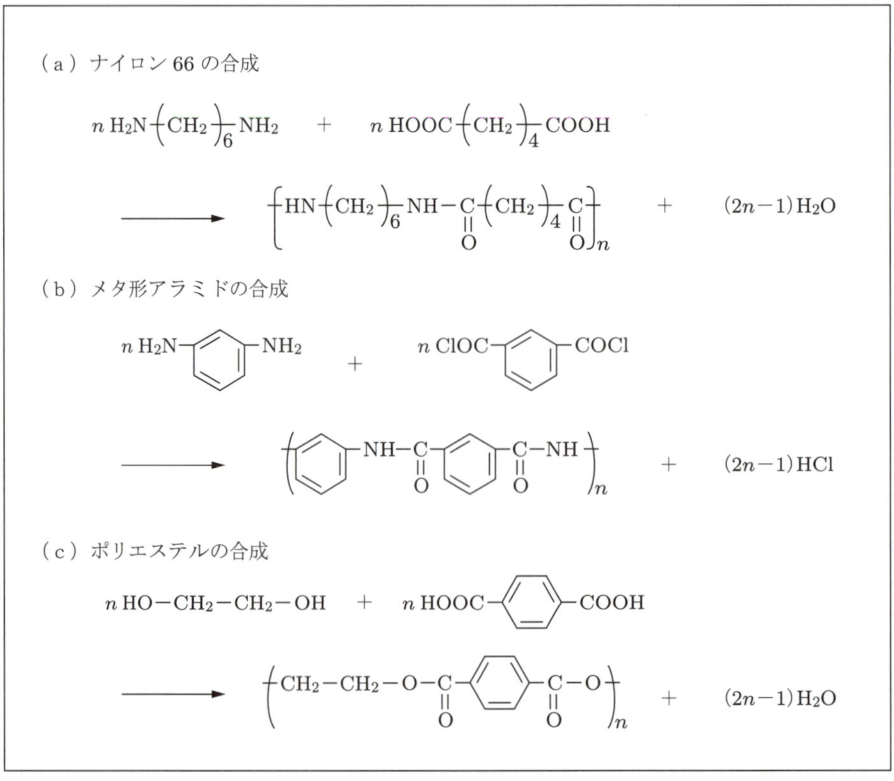

（a）ナイロン 66 の合成

$n\, H_2N{-}(CH_2)_6{-}NH_2 + n\, HOOC{-}(CH_2)_4{-}COOH$

$\longrightarrow [HN{-}(CH_2)_6{-}NH{-}\underset{O}{\overset{\|}{C}}{-}(CH_2)_4{-}\underset{O}{\overset{\|}{C}}]_n + (2n-1)H_2O$

（b）メタ形アラミドの合成

$n\, H_2N{-}C_6H_4{-}NH_2 + n\, ClOC{-}C_6H_4{-}COCl$

$\longrightarrow [C_6H_4{-}NH{-}\underset{O}{\overset{\|}{C}}{-}C_6H_4{-}\underset{O}{\overset{\|}{C}}{-}NH]_n + (2n-1)HCl$

（c）ポリエステルの合成

$n\, HO{-}CH_2{-}CH_2{-}OH + n\, HOOC{-}C_6H_4{-}COOH$

$\longrightarrow [CH_2{-}CH_2{-}O{-}\underset{O}{\overset{\|}{C}}{-}C_6H_4{-}\underset{O}{\overset{\|}{C}}{-}O]_n + (2n-1)H_2O$

●図 2.4● 重縮合の例

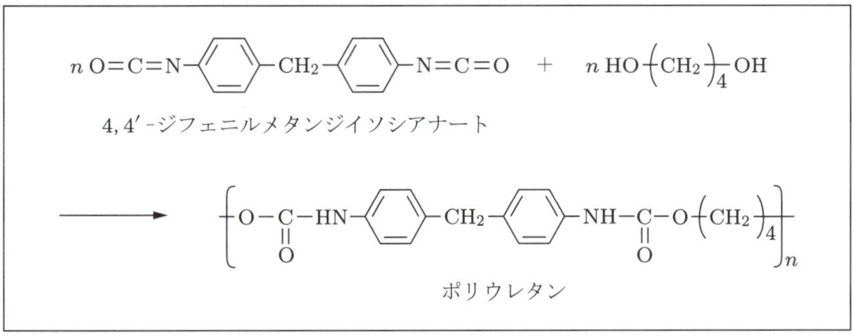

● 図 2.5 ● 重付加の例

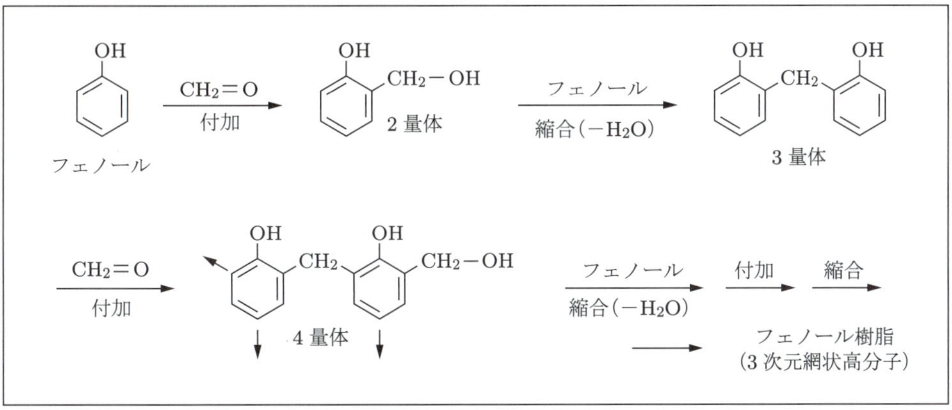

● 図 2.6 ● 付加縮合の例

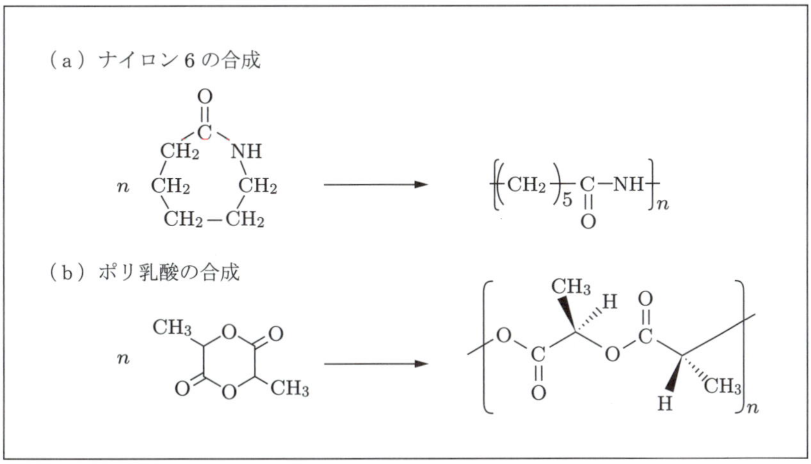

● 図 2.7 ● 開環重合の例

ルと縮合して3量体となる．この数量体がノボラック樹脂やレゾール樹脂であり，これを成形機に移して加熱加圧すると流動化し，製品の形状が与えられる．この成形過程で重合反応はさらに進み，三次元網状の高分子になるため，流動能が失われ硬化する（熱硬化性樹脂）．

2.2.5 開環重合

おもに，3員環や6員環，7員環などの環状化合物が，環を開きながら結合して高分子を生成する反応を，開環重合（ring-opening polymerization）という．図 2.7 に示すナイロン6や生分解性高分子のポリ乳酸が，開環重合により製造される代表的なポリマーである．

例題 2.1 エチレンのラジカル重合では，分岐状のポリエチレンが生成される．その理由を考えよ．

解答 ラジカル反応では，成長しつつある末端のラジカルが自分自身の主鎖の水素を引き抜く副反応（連鎖移動）が起きるためである．

分岐の中で最も生成しやすいブチル基が側鎖になる例で説明すると，図2.8のようになる．成長しつつある末端のラジカルがエチレンと反応しないで，四つ前の炭素についている水素と反応すると，ブチル基の分岐ができる．この炭素に移動したラジカルは，そこから再びエチレンとの成長反応が進行して，主鎖が引き続き伸びていく．これは，くねくねしたヘビが自分の身体に噛み付くような現象（back bite という）である．

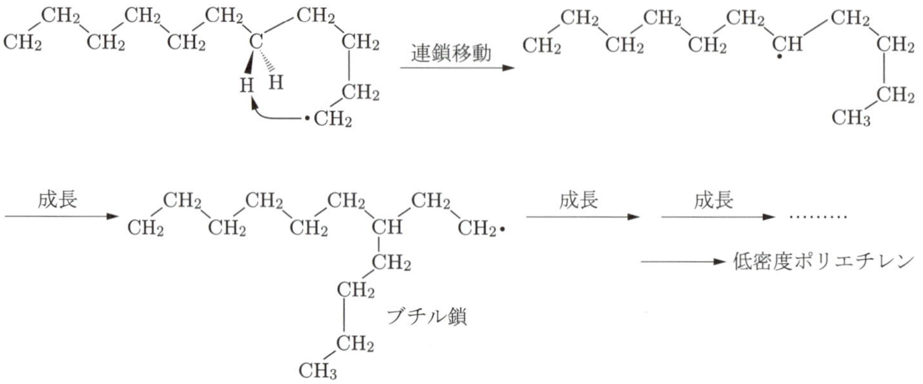

●図 2.8● 分岐のメカニズム

Coffee Break

宇宙飛行士のブルースーツ

宇宙飛行士が訓練中に使用する青い色の作業服（ブルースーツ）は，熱に強く燃えにくい耐熱性高分子のメタ形アラミドで作られており，重縮合反応で合成される．消防のレスキュー隊員が着用しているオレンジ色の作業服も，同じ素材からできている．

●図 2.9● ブルースーツを着る宇宙飛行士山崎直子さん
（提供：山崎直子氏）

2.3 分子量分布と平均分子量

低分子物質の分子量は，一つの値に決まっている．たとえば，エチレン（$CH_2=CH_2$）の分子量は28.05であり，スチレン（$C_6H_5\text{-}CH=CH_2$）の分子量は104.15である．これを，分子量の単分散という．

ところが，これらを重合して得られる，ポリエチレンやポリスチレンのような高分子物質は，分子の構造単位は同じだが，分子量が小さなものから非常に大きなものまで存在する，同族体の混合物である．このため，高分子物質の分子量は一定ではなく，分布をもっており，これは分子量の多分散とよばれる．

図2.10に，横軸に分子量，縦軸に重量分率をとった高分子の分子量分布曲線を示す．ラジカル重合や重縮合で合成される高分子は，広い分子量分布をもつのに対して，アニオン重合の進歩により，分布が狭く，比較的単分散に近いポリスチレンやポリ（α-メチルスチレン）などが合成されているが，その数はなお少ない．一方，生体高分子のタンパク質は，ミオグロビン（分子量：16890）のように単分散であるか，ミオシン（平均分子量480000）のように単分散に近いシャープな分布曲線をもっている．

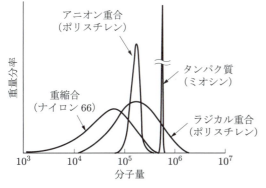

●図2.10● 重合機構と分子量分布の形

高分子物質は，分子量が異なる同族体分子の集合体であるので，高分子化学では分子量の代表値として，通常の平均値である数平均分子量のほかに，より分子量に重きを置いた重量平均分子量など，いくつかの平均値が用いられる．

いま，分子量がM_1のものがN_1個，M_2のものがN_2個，M_3のものがN_3個，…，M_iのものがN_i個あるとすると，つぎのような平均分子量が定義されている．

(a) 数平均分子量（number-average molecular weight, $\overline{M}_\mathrm{n}$）

$$\overline{M}_\mathrm{n}=\frac{\sum_{i=1}^{\infty}M_iN_i}{\sum_{i=1}^{\infty}N_i}=\sum_{i=1}^{\infty}M_i\left(\frac{N_i}{\sum_{i=1}^{\infty}N_i}\right)=\sum_{i=1}^{\infty}M_ix_i \tag{2.1}$$

ここで，x_iは分子量がM_iの分子の数の分率，すなわち，モル分率である．数平均分子量は，浸透圧など分子の数のみで決まる物性（束一的性質）を測定して得られる．

(b) 重量平均分子量（weight-average molecular weight, $\overline{M}_\mathrm{w}$）

$$\overline{M}_\mathrm{w}=\frac{\sum_{i=1}^{\infty}M_i^2N_i}{\sum_{i=1}^{\infty}M_iN_i}=\sum_{i=1}^{\infty}M_i\left(\frac{M_iN_i}{\sum_{i=1}^{\infty}M_iN_i}\right)=\sum_{i=1}^{\infty}M_iw_i \tag{2.2}$$

ここで，W_iは分子量がM_iの分子の相対的な重さ，w_iはその重量分率である．重量平均分子量は，分子の重さが物性を支配する沈降法や，光散乱などの実験により求められる．

(c) z平均分子量（z-average molecular weight, $\overline{M}_\mathrm{z}$）

$$\overline{M}_\mathrm{z}=\frac{\sum_{i=1}^{\infty}M_i^3N_i}{\sum_{i=1}^{\infty}M_i^2N_i} \tag{2.3}$$

(d) 粘度平均分子量（viscosity-average molecular weight, $\overline{M}_\mathrm{v}$）

$$\overline{M}_\mathrm{v}=\left(\frac{\sum_{i=1}^{\infty}M_i^{1+\alpha}N_i}{\sum_{i=1}^{\infty}M_iN_i}\right)^{\frac{1}{\alpha}}=\left(\sum_{i=1}^{\infty}M_i^{\alpha}w_i\right)^{\frac{1}{\alpha}} \tag{2.4}$$

ここで，αは，後出の式(2.11)に示すMark-Houwink-桜田の式における分子量の指数で，これは粘度指数とよばれる．

なお，粘度指数αの値から希薄溶液中での高分子の形態がわかる．剛直性分子では$\alpha\geq 1$であり，一般の屈曲性高分子では$1>\alpha>0.5$である．また，αが1のとき，$\overline{M}_\mathrm{v}=\overline{M}_\mathrm{w}$となる．

図2.11に示すように，分子量分布と各種の平均分子量との相対的関係は，$\overline{M}_\mathrm{z}>\overline{M}_\mathrm{w}>\overline{M}_\mathrm{v}>$

$\overline{M}_\mathrm{n}$ の順になる．そこで，$\overline{M}_\mathrm{w}/\overline{M}_\mathrm{n}$ の値は，多分散度とよばれ，分子量分布の大まかな目安に用いられる．分布の大きいラジカル重合や重縮合では，多分散度の値は 1.5～2.5 である．アニオン重合の $\overline{M}_\mathrm{w}/\overline{M}_\mathrm{n}$ は 1.2～1.4 であり，分布が比較的狭いことがわかる．もちろん，分子量分布のない単分散試料を合成することができれば，その $\overline{M}_\mathrm{w}/\overline{M}_\mathrm{n}$ は 1 になる．

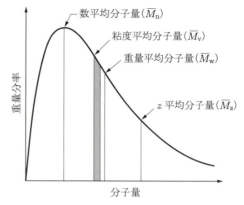

●図2.11● 分子量分布と各種平均分子量の関係
［片山将道：『高分子概論 改訂版』，日刊工業新聞社（1971）より転載］

例題 2.2

表2.1に示す四つの成分（各成分は，いずれも分子量分布のない試料，つまり，単分散試料と仮定する）からなる混合系がある．この混合系の (1) $\overline{M}_\mathrm{n}$，(2) $\overline{M}_\mathrm{w}$，(3) $\overline{M}_\mathrm{z}$ の値をそれぞれ計算せよ．

■表2.1■

	重量分率 W_i	分子量 M_i
成分1	0.4	1×10^4
成分2	0.3	4×10^4
成分3	0.2	7×10^4
成分4	0.1	9×10^4

解答

(1) $\overline{M}_\mathrm{n} = \dfrac{0.4+0.3+0.2+0.1}{0.4/(1\times10^4)+0.3/(4\times10^4)+0.2/(7\times10^4)+0.1/(9\times10^4)} = 1.9\times10^4$

(2) $\overline{M}_\mathrm{w} = (1\times10^4)\times0.4+(4\times10^4)\times0.3+(7\times10^4)\times0.2+(9\times10^4)\times0.1 = 3.9\times10^4$

(3) $\overline{M}_\mathrm{z} = \dfrac{(1\times10^4)^2\times0.4+(4\times10^4)^2\times0.3+(7\times10^4)^2\times0.2+(9\times10^4)^2\times0.1}{(1\times10^4)\times0.4+(4\times10^4)\times0.3+(7\times10^4)\times0.2+(9\times10^4)\times0.1} = 5.9\times10^4$

2.4 平均分子量の測定

分子量分布や平均分子量の測定は，1%以下の薄い濃度の溶液，すなわち希薄溶液で行われる．分子が互いに絡み合ったり，分子間の相互作用がはたらいている溶液では，分子1個の大きさ，すなわち分子量を求めることはできない．分子量の測定に限らず，化学では分子固有の性質を明らかにするため，希薄溶液が用いられる．

高分子の分子量の測定には，いくつかの実験法がある．たとえば，浸透圧法の測定からは数平均分子量が，光散乱法からは重量平均分子量が得られる．また，分子量分布曲線を得るためには，今日では簡便なゲルパーミエーションクロマトグラフィー（gel permeation chromatography, GPC）法が用いられる（3.6.3項参照）．そのほか，分別沈殿法や分別溶解法，超遠心機を用いた沈降速度法や沈降平衡法からも，分子量分布曲線を得ることができる．

高分子の平均分子量を求める最も簡便な実験法は，粘度法である．粘度の測定は，複雑な操作がなく，また高価な装置を用いることもない．ガラ

ス製の粘度計，恒温層，それにストップウォッチがあれば，どこの研究室でも測定できる．

溶媒と試料溶液の粘度をそれぞれ η_0，η とすると，比粘度 η_{sp} は式(2.5)で定義され，試料溶液の濃度 C のべき級数で表される．

$$\eta_{sp} = \frac{\eta - \eta_0}{\eta_0} = aC + bC^2 + cC^3 + \cdots \quad (2.5)$$

ここでは希薄溶液を扱っているので，濃度の三次以上の項は無視してよい．両辺を C で割って，$a=[\eta]$，$b=k'[\eta]^2$ とすると，ハギンス(Huggins)の式(2.6)になる．

$$\frac{\eta_{sp}}{C} = [\eta] + k'[\eta]^2 C \quad (2.6)$$

ここで，

C：溶液濃度 [g/dL]

η_{sp}/C：還元粘度 [dL/g]

$[\eta]$：固有粘度（極限粘度）[dL/g]

k'：ハギンス定数

である．

$C=0$ のとき式(2.6)は意味をもたないので，式(2.7)のように濃度を0に限りなく近づけたときの極限値が $[\eta]$ である．

$$\lim_{C \to 0} \frac{\eta_{sp}}{C} = [\eta] \quad (2.7)$$

実験では，溶媒の流下時間を t_0[s]，高分子希薄溶液の流下時間を t[s] とすると，希薄溶液の比粘度 η_{sp} は，溶媒と希薄溶液の密度は同じになるので，次式から流下秒数をストップウォッチで測定するだけで求めることができる．

$$\eta_{sp} = \frac{t - t_0}{t_0} \quad (2.8)$$

高分子希薄溶液の粘度を測定するには，図2.12に示すようなウベローデ(Ubbelohde)希釈型の粘度計が一般的に使用されている．粘度計を所定の温度の恒温槽に入れて垂直に固定し，図(b)の，ガラス管のふくらみ部分の上下に引かれた標線A，B間を流下する時間を数回測定して流下時間の平均値を求めれば，式(2.8)より比粘度を算出できる．

つぎに，溶液濃度を変えながら流下時間の測定

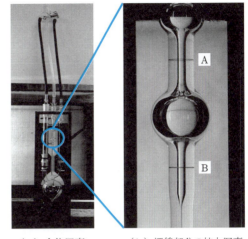

(a) 全体写真　　(b) 標線部分の拡大写真

● 図2.12 ● ウベローデ希釈型粘度計

を行い，溶液濃度 C に対して，ハギンス式に従って還元粘度 η_{sp}/C を図2.13のようにプロットすれば，直線関係となり，その縦軸との交点から固有粘度 $[\eta]$ を求めることができる．同様に $[\eta]$ は，式(2.10)に示す対数粘度 η_{inh} と C のプロットからも求められる．

$$\eta_{inh} = \frac{\ln\left(\frac{\eta}{\eta_0}\right)}{C} \fallingdotseq \frac{\ln\left(\frac{t}{t_0}\right)}{C} \quad (2.9)$$

$$\eta_{inh} = [\eta] + \left(k' - \frac{1}{2}\right)[\eta]^2 C \quad (2.10)$$

固有粘度 $[\eta]$ は，高分子の分子量 M と式(2.11)に示す関係があることが実験的に確かめられ

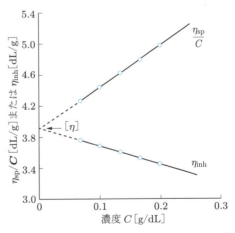

● 図2.13 ● 粘度と濃度の関係

ており，これは Mark-Houwink-桜田の式として知られている．

$$[\eta] = KM^\alpha \tag{2.11}$$

ここで，K と α は，高分子の種類，溶媒，ならびに温度により決まる定数で，分子量分別を細かく行った数種の試料の $[\eta]$ と $\overline{M}_\mathrm{n}$ または $\overline{M}_\mathrm{w}$ をそれぞれ測定し，縦軸に $\ln[\eta]$ を，横軸に $\ln\overline{M}$ をプロットして得られる直線の交点と傾斜から決定される．なお，既存のポリマーでは，K と α の値は文献値を利用できるので，粘度測定で $[\eta]$ を求めれば，式（2.11）より粘度平均分子量の $\overline{M}_\mathrm{v}$ を算出できる．

2.5 高分子の存在状態

物質の存在状態を，低分子と高分子に分けて図2.14 に示す．低分子は，純粋の水や酢酸に見られるように，常温では液体の物質も，温度を下げればある一定の温度で固体になる．これを凝固点という．また，逆に，固体から液体に変化する温度として見たときは，融点という．一方，液体の温度を上げていくと，液体の表面からの気化がしだいに激しくなる．そして，ついに表面からだけでなく，液体の内部からも気化が起こる．この温度を沸点という．このように，物質が固体，液体，および気体の三つの状態をとることを物質の三態といい，高校の化学の教科書にも記述されている．

ところが，われわれの周囲に存在する物質を見ると，固体と液体の状態にはなるが気体にはならない物質が多いことに気づく．高分子物質がそれである．たとえば，ポリエチレン製のフィルムは，温度を上げればドロドロした液体になるが，表面からポリエチレンの分子が蒸発して，フィルムが薄くなることはない．

高分子は，分子量が非常に大きいために，分子間にはたらく引力が低分子物質よりはるかに大きい．そのうえ，図2.15 に示すように高分子鎖が絡み合っており，熱を加えても一つひとつの高分子に分けることができず，蒸発しないのである．さらに，フェノール樹脂のような熱硬化性樹脂は，分子構造が三次元化しているので液体にもならず，固体としてのみ存在する．

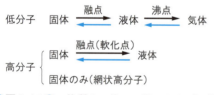

●図2.14● 物質の三態，二態，および一態

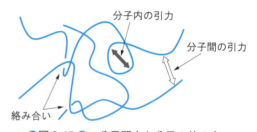

●図2.15● 分子間力と分子の絡み合い

2.6 高分子固体の二相構造

低分子物質は，不純物を取り除くと，分子が規則正しく揃って凝集し，その100%が結晶化する．ところが，高分子物質で100%の結晶を得ることは非常に難しい．たとえば，ポリエチレンは，図2.16 に示すように，分子鎖の一部は規則的に折りたたまれて分子内で結晶化する領域と，分子鎖が絡みあったりして結晶化できない非晶（無定形）の領域とが混在する．このように，高分子固体は，結晶領域と非晶領域の2相構造から構成されている．そこで，式（2.12）に示すように，試料全体の重量のうちの結晶領域の重量の割合を%で示す結晶化度が用いられる．

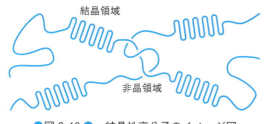

●図 2.16● 結晶性高分子のイメージ図

$$結晶化度 [\%] = \frac{結晶領域の重量}{試料全体の重量} \times 100 \quad (2.12)$$

ごみ袋に使われているポリエチレンの結晶化度は 40〜50% で，半分くらいが無定形であるため，ゴムほどではないが，引っ張るとかなり伸びる．一方，レジ袋のポリエチレンの結晶化度は 60〜80% である．レジ袋は，高密度ポリエチレンからできており，硬く丈夫であるため，重い買い物を入れても，伸びたり破れたりすることはまずない．

ポリアセタールは，側鎖や分岐がなく，結晶化しやすい高分子である．そのため，結晶化度の値は 85% に達し，プラスチックのばねといわれる高性能な樹脂である．一方，まったく結晶化しない非晶質の高分子も多い．たとえば，ポリメタクリル酸メチル（PMMA）は，分子構造中に結晶成長を妨げる側鎖をもつため，PMMA は結晶領域が存在しない非晶性（無定形）の高分子である．非晶性高分子の特徴は，透明性が高い点で，PMMA は有機ガラスともよばれる．

高分子結晶の詳細は，第 3 章の高分子の構造で解説する．また，個々の高分子材料の結晶化度の値は，第 7 章のデータ欄を参照されたい．

2.7 高分子の熱的性質

ゴムは，室温で軟らかい固体であるが，液体窒素（−196 ℃）の中に入れると硬い固体になる．これを素早く取り出して金槌でたたくと，ガラスのように粉々に砕けてしまう．また，液体窒素から取り出して室温に放置すると，再びゴムはその軟らかさを取り戻す．

一方，ポリスチレンは，落とせばひび割れすることもあるほどガラスのように硬い固体だが，100 ℃以上に温度を上げると軟らかい固体に変化する．

このように，ガラス状の固体とゴム状の固体に互いに変化する現象を**ガラス転移**，その温度を**ガラス転移温度**（glass transition temperature, T_g）という．ガラス転移は，高分子に特有の熱的性質であり，金属や低分子の固体のような結晶体では見られない現象である．T_g から温度をさらに上げていくと，結晶性高分子では**融点**（melting point, T_m），非晶性高分子では**軟化点**（softening point, T_s）をそれぞれむかえる（図 2.17）．

ガラス転移は，高分子鎖の局部的な熱運動によって起こる．すなわち，温度が上昇して T_g に達すると，炭素数がおよそ 50 個くらいの単位（セ

$$\underset{(ガラス状)}{固体 I} \underset{}{\overset{T_g}{\rightleftharpoons}} \underset{(ゴム状)}{固体 II} \overset{T_m}{\rightleftharpoons} \underset{(融液)}{液体}$$

●図 2.17● ガラス転移と融解（軟化）

グメント）の分子鎖が，一斉に動き出すのである．これは，非晶領域において分子間力が弱くはたらいている部分の主鎖の結合が一斉に首ふり運動を起こしはじめる現象で，ミクロブラウン運動とよばれる．なお，T_g 以下の温度では，ミクロブラウン運動は停止しており，ガラスのように硬い固体になる．図 2.18 に示すように，高分子の固体は，T_g を境に弾性率などの物性が大きく変化するので，高分子材料を使用する際に使用温度の注意がとくに必要となる．

表 2.2 に，代表的な高分子のガラス転移温度と融点を示す．T_g が −20 ℃ のポリプロピレンは，通常の使用温度では，非晶領域（30〜40%）に基づく軟らかさと結晶領域（60〜70%）に基づく硬さをともにもっており，自動車のバンパーの素材に適している．しかし，−20 ℃（T_g）以下では，非晶領域のミクロブラウン運動が凍結するため，軟らかさを失ってカチカチのガラス状態になるの

■表2.2■ 代表的な高分子のガラス転移温度 T_g と融点 T_m

高分子	繰り返し単位の構造	T_g [℃]	T_m [℃]	T_g [K]/T_m [K]
ポリジメチルシロキサン	$-[Si(CH_3)_2-O]-$	−127	−40	0.63
ポリ（シス-1,4-ブタジエン）	$-[CH_2-C(H)=C(H)-CH_2]-$	−102	1	0.62
ポリ（シス-1,4-イソプレン）	$-[CH_2-C(CH_3)=C(H)-CH_2]-$	−73	28	0.66
高密度ポリエチレン	$-[CH_2-CH_2]-$	−120	137	0.37
ポリプロピレン（アイソタクチック）	$-[CH_2-CH(CH_3)]-$	−20	167	0.58
ポリオキシメチレン（ポリアセタール）	$-[O-CH_2]-$	−82	200	0.40
ポリ塩化ビニリデン	$-[CH_2-CCl_2]-$	−18	200	0.54
ポリスチレン（シンジオタクチック）	$-[CH_2-CH(C_6H_5)]-$	100	230	0.74
ナイロン66	$-[HN-(CH_2)_6-HN-CO-(CH_2)_4-CO]-$	57	265	0.61
ポリエチレンテレフタラート	$-[O-CH_2CH_2-O-CO-C_6H_4-CO]-$	69	280	0.62
ポリ塩化ビニル	$-[CH_2-CH(Cl)]-$	81	310	0.61
ポリアクリロニトリル（シンジオタクチック）	$-[CH_2-CH(CN)]-$	97	317	0.63
ポリテトラフルオロエチレン	$-[CF_2-CF_2]-$	127	346	0.65

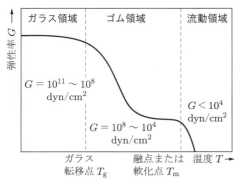

●図 2.18● 高分子物質の弾性率の温度依存性

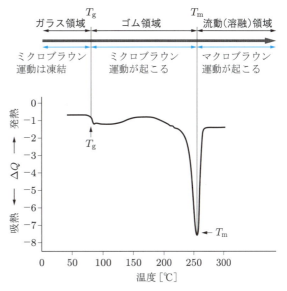

●図 2.19● ポリエチレンテレフタラートの走査熱量曲線（DSC）（昇温速度：10℃/min）

で，厳寒地での使用ではポリプロピレンは脆くなる．一方，ゴム製品は，T_g が室温よりも非常に低い温度にあるので，厳寒地でも軟らかさを失わない．これとは逆に，ポリスチレンのような非晶質のプラスチックの T_g は，使用温度より十分高い必要がある．なお，ポリプロピレンやポリエチレンのような結晶性高分子では，結晶領域の硬さと非晶領域の軟らかさがともにはたらくため，T_g が低くてもプラスチックとして使用できる．

ガラス転移が非晶領域の熱的性質であるのに対し，融解は結晶領域の熱的性質である．すなわち，非晶性高分子では，融点は存在せず，ガラス転移点以上の温度になると軟化して，徐々に融液になる．結晶と非晶の中間と考えてよいポリエチレンテレフタラート（PET）のような結晶性高分子では，T_g と T_m の両方が，図 2.19 に示すように存在する．ポリエチレンテレフタラートを加熱し，T_g に達すると，結晶部分に取り込まれていない非晶領域の連鎖の局所的な部分がミクロブラウン運動を起こして軟らかくなる．動けるようになり自由度が増した分子鎖は，分子間力により一部が結晶化し，発熱する．さらに温度が上昇していくと，高分子鎖全体の重心が移動する．つまり，マクロブラウン運動が起こり，結晶性高分子は融点 T_m をむかえる．このように，結晶性高分子は，結晶領域の融解が起こるので，図 2.19 のような大きな吸熱ピークが現れる．

なお，融点は固相から液相に転移する温度であるから一次転移点とよばれるのに対し，ガラス転移点は固相から別の固相に変化する二次転移点とよばれる．

2.8 高分子の溶解性

溶解とは，溶質の分子が溶媒の分子に取り囲まれて，個々の分子に分かれる現象である．ポリスチレンは，分子構造が類似しているベンゼンやトルエンによく溶解する．このように，「似たものどうしはよく溶け合う」という法則があり，これが溶媒を選択する基本になる．

高分子物質は，溶解する際，砂糖や塩が溶けるようすとはだいぶ異なり，図 2.20 のように 2 段階で溶解していく．まず，第一段階で，**膨潤**（swelling）という低分子に見られない現象が起こる．これは，溶媒分子が高分子鎖の間にもぐりこんで溶質の高分子を包み込み，膨れあがる現象である．つぎに，溶媒分子に取り囲まれることによって，高分子間の引力が弱まった高分子鎖は，

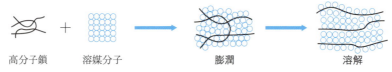

● 図 2.20 ● 高分子の溶解過程 ［大津隆行：『高分子合成の化学』，化学同人（1979）より転載］

溶媒中に次第に拡散して溶けていく．

　分子の拡散速度は，分子量の平方根に反比例するから，高分子は溶媒を加えただけでは，膨潤から溶解になかなか進行しない．そのため，機械的な攪拌によって，高分子の溶解を助ける必要がある．

2.9 高分子鎖の形態と性質

　高分子は，分子鎖の形態から表 2.3 に示すように，**線状高分子**（linear polymer），**分岐状高分子**（branched polymer），そして**網状高分子**（network polymer）に分類される．

　線状高分子は，一本の線で構成される高分子で，直線状だけでなく屈曲した線状の形態をしているものが多い．分岐状高分子は，線状高分子の主鎖に分岐した鎖をもつ高分子である．網状高分子は，分子間に架橋結合が施されて，二次元化または三次元化した形態をもつ．

　高分子の溶解性と熱的性質は，分子の形態により，つぎのように支配される．線状高分子と分岐状高分子は，これを溶かす何らかの溶媒が原則的に存在する．溶解は，分子間力の弱い非晶領域から進み，続いて結晶領域へと進行していく．一般に，結晶化度の高い高分子は溶解しにくく，非晶性高分子は，溶媒に溶けやすい．一方，網状高分子は，分子鎖が化学結合で結びついているので，いかなる溶媒にも溶けない．

　合成樹脂は，溶融成形する際の熱的な性質から分類すると，図 2.21 のように分類される．

　線状高分子と分岐状高分子は，軟化点や融点以

■ 表 2.3 ■ 高分子鎖の形態と物性

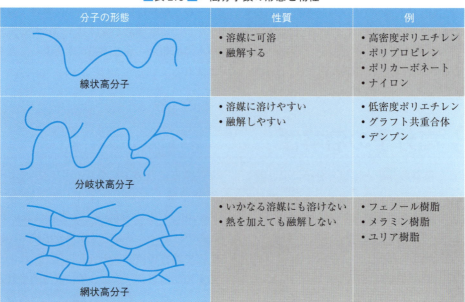

分子の形態	性質	例
線状高分子	・溶媒に可溶 ・融解する	・高密度ポリエチレン ・ポリプロピレン ・ポリカーボネート ・ナイロン
分岐状高分子	・溶媒に溶けやすい ・融解しやすい	・低密度ポリエチレン ・グラフト共重合体 ・デンプン
網状高分子	・いかなる溶媒にも溶けない ・熱を加えても融解しない	・フェノール樹脂 ・メラミン樹脂 ・ユリア樹脂

合成樹脂 ┳ 熱可塑性樹脂：
　　　　　　ポリエチレン，ポリプロピレン，
　　　　　　ポリ塩化ビニル，ポリスチレン，
　　　　　　ポリカーボネート，ナイロン，ポリエステル，
　　　　　　熱可塑性ポリイミド（オーラム®）など
　　　　┣ 非熱可塑性樹脂：
　　　　　　カプトンなどのポリイミド
　　　　┗ 熱硬化性樹脂：
　　　　　　フェノール樹脂，メラミン樹脂，
　　　　　　ユリア樹脂など

●図 2.21● 合成樹脂の分類

上の温度に過熱し，加圧すれば塑性変形するので，熱可塑性樹脂とよばれる．線状高分子であっても，高分子間の引力が非常に強く，可塑化しない非熱可塑性樹脂も少数ではあるが存在する．熱硬化性樹脂は，2.10.1 項の圧縮成形の説明を参照されたい．

2.10 高分子の成形加工の基本

　高分子がいかに優れた物性をもっていても，ペレットや粉末のままではただの固体にすぎない．製品の形状が与えられて，はじめて高分子材料はその優れた特性を発揮することができる．成形加工は，高分子材料に製品の形状を付与し，各種のプラスチック，フィルム，繊維，そしてゴム製品を作り出す技術で，つぎの三つの工程からなる．
　①原料を融液または溶液にして流動化する工程
　②製品の形を付与する賦形とよばれる工程
　③冷却または溶媒を除去して固体化する工程
　高分子は，金属やセラミックスと比べてはるかに成形しやすい材料である．溶媒に溶ける高分子であれば，溶液にして流動化することができる．熱可塑性樹脂であれば，加熱すれば融液になるので流動化し，賦形することができる．

2.10.1　圧縮成形

　フェノール樹脂のような三次元網状高分子の製品を作るには，加熱すればまだ流動化する中間体（レゾール樹脂やノボラック樹脂）を成形機に入れて，加熱圧縮して作られる．成形機の中では，レゾール樹脂やノボラック樹脂の重合がさらに起こり，三次元化して一気に流動能を失い製品の形状に固化するので，もはや冷却の必要はない．この成形法は圧縮成形とよばれ，熱硬化性樹脂の製品を作るのに用いられる（図 2.22 参照）．

2.10.2　押出成形と射出成形

　熱可塑性樹脂は，押出成形機や射出成形機により，製品の形状を与えることができる．雨樋や塩ビ管のように断面が均一な製品は，図 2.23 に示す押出成形機により連続的に作られる．ペレットとよばれる米粒大の成形材料をホッパーに入れると，スクリューにより引き込まれ，ついでシリンダー内で加熱圧縮されて流動化し，製品の形状をしたダイ（口金）から押出される．この押出成形機は，繊維を作る溶融紡糸，電線被覆（図 7.26），インフレーション法によるフィルムの製造（図 7.61）にも利用される装置である．
　一方，ポリバケツ，灯油タンク，自動車のバンパーなど，各種のプラスチック製品を作るのに最も多く使用されるのが，図 2.24 に示す射出成形

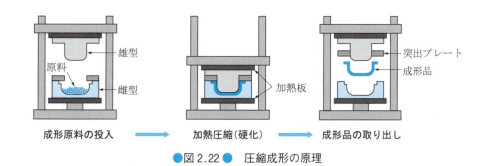

●図 2.22● 圧縮成形の原理

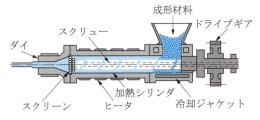

● 図 2.23 ●　押出成形機の構造 ［室橋奨, 井上和人：『高分子入門』, パワー社 (1991) より転載］

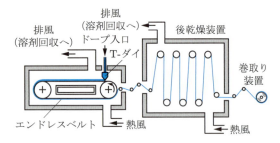

● 図 2.25 ●　溶液流延法によるフィルムの製造法 ［毛利裕（井出文雄編）：『実用プラスチック事典　材料編』, 産業調査会 (1993) より転載］

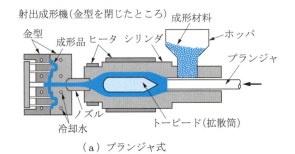

(a) プランジャ式

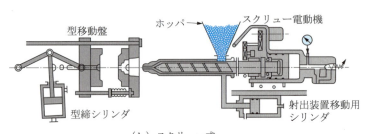

(b) スクリュー式

● 図 2.24 ●　射出成形機の構造 ［室橋奨, 井上和人：『高分子入門』, パワー社 (1991) より転載］

機である．これには，図(a)のプランジャーが往復運動することにより，ペレットを取り込み，加圧加熱して流動化して金型の中に注入するプランジャー式と，図(b)の往復運動するスクリューよりペレットを取り込み金型に溶融ポリマーを注入する方式とがある．一つの射出製品ができるに要する1サイクルの時間は短く，数秒から30秒が一般的である．

2.10.3 溶液からの成形

一方，高分子溶液からフィルムや繊維を製造することができる．高分子鎖が絡みあうような適度な濃度に調整した高分子溶液（ドープ）をT字型の口金（T-ダイ）からエンドレスベルトの上に流延した後に溶媒を加熱して除去すると，フィルムが得られる（図2.25参照）．高分子は，分子間力が極めて強いうえに，分子鎖の絡み合いも起こる（図2.15参照）．そのため，溶媒が蒸発するにつれて，高分子鎖どうしが近づき，凝集して，フィルム状の固体が得られる．

また，高分子濃厚溶液の粘度は非常に高く，糸を引く性質（曳糸性）がある．結晶性高分子であれば溶液から乾式紡糸または湿式紡糸により繊維にすることもできる．図2.26に示す湿式紡糸では，口金から紡糸液が凝固浴中に吐き出されると，溶媒は凝固浴に拡散していく．これにともない，高分子鎖は分子間力により互いに凝集していくので，溶媒をはじき出して，細く長い形状の固体，すな

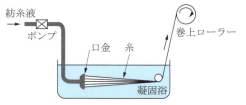

●図2.26● 湿式紡糸装置の構造

わち繊維が得られる．これが湿式紡糸の原理である．なお，気体中に紡糸液を吐き出して，熱で溶媒を蒸発させ除去する方法が乾式紡糸である．

Coffee Break

ワイセンベルク効果

水を高速で攪拌すると遠心力により中央部が窪むが，高分子溶液を攪拌すると逆に攪拌棒に巻き付くように中央部が盛り上がる．この現象は，オーストリアの物理学者，K. Weissenbergにより1947年に発見されたもので，法線応力効果の一つとして理解されている．
アルギン酸ナトリウムの溶液では，濃度がわずか4％で顕著なワイセンベルク効果が観測される（図2.27）．

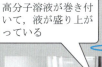
高分子溶液が巻き付いて，液が盛り上がっている

●図2.27● アルギン酸ナトリウムの4 wt％水溶液

演・習・問・題・2

2.1
つぎの高分子の繰り返し単位の構造を示せ．
(1) ポリ（シス-1,4-ブタジエン）
(2) ポリ（トランス-1,4-ブタジエン）
(3) ポリ酢酸ビニル　(4) ポリ塩化ビニル
(5) ナイロン66　(6) ポリ塩化ビニリデン

2.2
低密度ポリエチレンの分岐で，ブチル基のつぎに多いのが，炭素三つからなるプロピル基である．エチレンのラジカル付加重合で，プロピル基が側鎖にできるメカニズムを反応式を用いて説明せよ．
［ヒント：短い分岐は，成長ラジカルが自分自身の主鎖へ連鎖移動することにより生じる．］

2.3
表2.4に示すデータは，ポリスチレンをエチルメチルケトン（EMK）に溶解させ，その希薄溶液をろ過後，25℃で粘度測定を行った結果である．これらのデータを使い，以下の設問に答えよ．なお，純溶媒（EMK）の25℃での流下時間は，$t_0 = 98.6$ s であった．

■表2.4■

溶液濃度 C [g/dL]	希薄溶液の流下時間 t [s]
0.173	123.3
0.217	130.2
0.289	142.6
0.433	169.8
0.866	276.8

(1) ハギンスプロットを行い，固有粘度 $[\eta]$ を求めよ．
(2) このポリスチレンの分子量 M を求めよ．なお，$[\eta]$ から分子量への算出には，次式を用いよ．
$$[\eta] = KM^\alpha = 3.9 \times 10^{-4} \times M^{0.58}$$
（EMK中，25℃）
(3) ハギンス定数 k' を求めよ．

2.4
表2.2に示す代表的な高分子のガラス転移温度 T_g [℃] と融点 T_m [℃] を用いて，それぞれの高分子について，グラフの横軸に融点 T_m の絶対温度を，縦軸にガラス転移温度 T_g の絶対温度をプロットせよ．この図からどのようなことがいえるか検討せよ．

第3章
高分子の構造

　一部の天然高分子を除けば，通常の合成高分子物質の多くは，分子量が異なる同族体の混合物である．アニオン重合の進歩にともない，ポリスチレンやポリ（α-メチルスチレン）などのように，比較的単分散に近い高分子物質が合成されるようになってきたが，そのような合成が可能な高分子物質の種類は，今日に至ってもなお限定されており，分子量の不均一性は，高分子物質について避けられない性質の一つである．

　このように，高分子物質には分子量分布があり，また，分子が長いので高分子鎖全体がすべて結晶化することはほとんどなく，結晶化しない（非晶）部分も存在することになる．一方，高分子鎖中に結晶成長を妨げるような分岐や立体的に不規則な部分が多く存在するような高分子では，ほとんど結晶化しない．この章では，高分子の一次構造，二次構造，高次構造について学習する．

KEY WORD

一次構造	二次構造	高次構造	コンフィグレーション	コンホメーション
トランス	ゴーシュ	らせん	ランダムコイル	平面ジグザグ
繊維周期	頭-頭結合	頭-尾結合	アイソタクチック	シンジオタクチック
アタクチック	立体規則性	結晶化度		

3.1　一次構造，二次構造，高次構造

3.1.1　一次構造

　高分子鎖を構成するモノマーの結合様式や分子量は，高分子を重合するときの条件によって決まってしまう．このような先天的な高分子鎖一本の構造を，一次構造（primary structure）とよぶ．

　たとえば，図3.1（a）に示すように，いったん重合して生成した分子量 $M=1.5\times10^5$ の高分子鎖は，その高分子鎖を切断しない限り，分子量 1.0×10^4 の高分子鎖へ変えることは通常できない．その逆も同様である．また，図（b）のように，分岐高分子を直鎖高分子へ変えることも不可能である．さらに，図（c）のように，2種類のモノマーA，Bからなる高分子で，両者が交互に配列して結合したもの（交互共重合体という）を，その後，

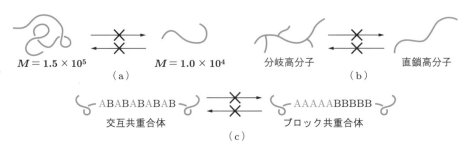

●図3.1●　互いに移ることのできない高分子鎖の一次構造（高分子が生成したときに決まってしまう先天的な構造）

A成分のみのかたまり（ブロック）とB成分のみのかたまりが結合した高分子鎖（ブロック共重合体という）に再配列させることは，もはやできない．

また，シス型構造やトランス型構造も一次構造の例であり，これらも高分子鎖を切断してつなぎ変えない限り，シス型→トランス型へ，逆にトランス型→シス型へ互いに移ることができない構造である．以上のように，高分子鎖を切断してつなぎ変えないと，互いに移ることができない．

このような構造が一次構造であり，この構造をコンフィグレーション（configuration）とよぶ．

一例として，代表的なポリエンであるポリ（シス-1,4-ブタジエン）とポリ（トランス-1,4-ブタジエン）の構造式を図3.2に示したが，二重結合を軸とする内部回転は通常の条件下では起こりえないので，シス型とトランス型は一次構造であり，これらはお互いの異性体（幾何異性体）である．

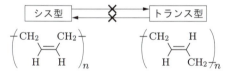

●図3.2● ポリブタジエンの異性体（一次構造）

3.1.2 二次構造

立体規則性の高分子であるアイソタクチックポリプロピレン（iPP）を，キシレン，テトラリン，デカリン，エチルベンゼンなどの有機溶媒に高温（160～180℃）で溶解させた熱溶液中では（室温程度ではiPPは溶媒に溶解しない），iPP鎖は曲がりやすい．つまり，屈曲性の高分子鎖であるから，図3.3（a）のようにランダムコイル*1（random coil）となって存在している．このような熱溶液を冷却すると，高分子-溶媒間の相互作用は，温度の低下につれて徐々に小さくなり，逆に，高分子-高分子間の相互作用は，相対的に大きくなる．その結果，iPP鎖どうしは溶媒中で互いに凝集し，

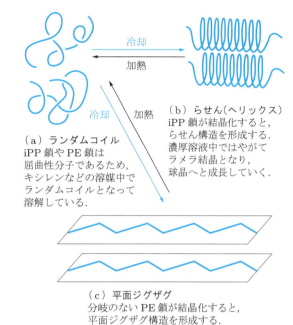

（a）ランダムコイル
iPP鎖やPE鎖は屈曲性分子であるため，キシレンなどの溶媒中でランダムコイルとなって溶解している．

（b）らせん（ヘリックス）
iPP鎖が結晶化すると，らせん構造を形成する．濃厚溶液中ではやがてラメラ結晶となり，球晶へと成長していく．

（c）平面ジグザグ
分岐のないPE鎖が結晶化すると，平面ジグザグ構造を形成する．

●図3.3● 高分子鎖のコンホメーション（二次構造）（高分子鎖のおかれた環境で形態が変わる）

その温度で熱力学的に安定となって結晶化し，図（b）のようにらせん構造（helical structure）をとるようになる．

また，iPP鎖と同様に，ポリエチレン（PE）鎖も溶液中ではランダムコイルとなって溶解しているが，これを冷却すると図3.3（c）のように，平面ジグザグ構造（planar zigzag structure）をとり，PEランダムコイルは結晶化する．

ランダムコイル，らせん構造，平面ジグザグ構造のように，高分子鎖のとり得る立体構造は，分子量などのような生まれつき決まったものではなく，高分子鎖のおかれた環境（たとえば，溶媒の種類や温度など）により変化する構造である．このような高分子鎖一本が空間的に占める構造が二次構造（secondary structure）であり，コンホメーション（conformation）とよばれている．

高分子鎖が結晶化するとき，高分子鎖は空間的に立体障害が少ない（エネルギー的に低い安定な）位置をとろうとする．例として，炭素数が4個のブタン分子を考えよう．図3.4のように，結

---

*1 決まった特定の形状をもたない糸まり状高分子の形態．

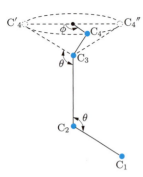
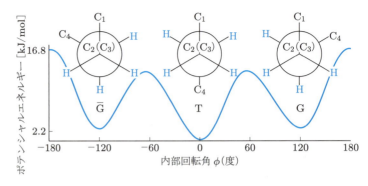

（a）ブタンの内部構造　　　　（b）ブタンの内部回転角とポテンシャルエネルギーの関係
　　　　　　　　　　　　　　　　　（C_3 は C_2 の下にあって見えないので，( ) で示した．）

●図 3.4● ブタンの内部回転とそれにともなうポテンシャルエネルギーおよびニューマン（Newman）投影図

結合角 θ が一定で，炭素原子 C_1, C_2, C_3 はともに同一平面上にあるとする．炭素原子 C_4 は，C_3 を中心に結合角 θ が一定のまま回転できるものとする．回転角 ϕ が 0° の場合は，C_1, C_2, C_3, C_4 がすべて同一平面上に存在するときである．

C_4 の位置は，破線で示した円周上の自由な位置にいることはできず，ある限られた位置で安定化する．この場合は，図 3.4 に示すように，$\phi=0°$, $120°$, $-120°$ の位置でポテンシャルエネルギーが極小となり，安定する．$\phi=0°$ の位置は最も安定な位置で，トランス（trans, T）とよばれ，つぎに安定である $\phi=120°$, $-120°$ の位置は，ともにゴーシュ（gauche, G）とよばれている．なお，$\phi=120°$ と $\phi=-120°$ を区別するために，前者を G，後者を $\overline{G}$（または G'）で表す．T, G, $\overline{G}$ の 3 種類は，互いに回転（幾何）異性体である．$\phi=180°$ と $\phi=-180°$ の位置はシス位であるが，ポテンシャルエネルギーが極大となり，移ることができない．

ポリエチレン鎖が結晶化すると，トランス（T）型の連続となり，分子鎖は平面ジグザグ構造となる．図 3.5 の ①〜⑧ は，すべてメチレン（-CH_2-）であり，構造的に同じ最小の繰り返し単位（メチレンであり，エチレンではない）が 2 個で一つの周期を形成している．つまり，①のメチレンと③のメチレンは同じ位置（ともに上側）となり，繊維周期は 2-1（または 2_1）平面となる．

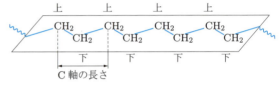

●図 3.5● ポリエチレン結晶鎖の平面ジグザグ構造

●図 3.6● ポリエチレン結晶鎖の繊維周期（2-1 平面）

○と×を，同じ繰り返し単位（つまり，メチレン）で，空間的位置が異なるものとすると，図 3.5 は図 3.6 のように単純化して表すことができる．このような場合は，明らかに，2 個（○と×）で一つの周期を形成していることがわかる．このように，分子内の内部回転により変わり得る構造が二次構造であり，トランスやゴーシュなどが，この例である．

3.1.3 高次構造

一次構造や二次構造は，高分子鎖一本の構造であったが，高分子鎖が多数集まってできる構造を，高次構造（higher-order structure）とよんでいる．家を例にとれば，床に使用する各種の板や 1 本 1 本の柱のようなものが一次構造であり，これらの

基材が集まって，ようやく「家」（高次構造）ができあがるわけである．高分子が作る結晶は，いずれも高次構造であり，代表的なものをつぎの表3.1にまとめる．

結晶性高分子である iPP をキシレンやエチルベンゼンなどの有機溶媒に高温で溶かし，その熱溶液を冷却すると，顕微鏡下では図3.8のように，球状形態をもつ結晶（球晶という）を多数観察することができる．

図3.8(a)は，溶媒の存在下で，iPP の球晶を直接偏光顕微鏡の直交ニコル下（2枚の偏光板を直角にした状態）で観察したものであり，図(b)は，溶媒を乾燥させた後，走査型電子顕微鏡（結晶の内部ではなく，表面の凹凸を観察するための顕微鏡）で観察したものである．図(a)の場合では，溶媒が存在しているので球晶が膨潤し，そのすきまを偏光が通過してくるため，直交ニコルによる十字の暗帯（マルテーゼクロスという）が見られる．

球晶（spherulite）は，iPP 鎖が非常に多く集合して結晶化したものであり，高次構造である．このような高次構造が，高分子材料を構成している．

つぎの図3.9は，図3.8(b)にみられるような球晶の内部が，どのような構造になっているかを観察したものである（頭-尾結合と 3-1 らせんについては，3.2節で述べる）．球晶内部は，ラメラ結晶が放射状に伸びて詰まっているようすがよくわかる．球晶内部は，結晶鎖のみで詰まっているわけではなく，実際にはかなりの量の非晶鎖が球晶内に存在している．

■表3.1■ 高分子が作る代表的な結晶の種類・形態と生成条件

結晶の種類	①房状ミセル	②ラメラ結晶（板状結晶）	③樹枝状結晶（デンドライト）	④球晶	⑤シシ-カバブ結晶（shish-kebab）
形態図					
生成条件	高分子を加熱しながら溶媒中に溶解させ，あるいは，高分子のみの液体（溶融体）を作り，これを冷却して結晶化させると，高分子の種類や冷却方法に依存して，右の①〜⑤のようなさまざまな形態をもつ結晶が析出する．	分岐をもたない A 成分からなる連鎖…AAAA…と分岐をもつ B 成分からなる連鎖…BBBB…の高分子，つまり…BBBBAAABBBB…のような高分子（ブロック共重合体）が結晶化した場合に形成される．A 成分の連鎖が多数集まって結晶領域を作り，分岐をもつ B 成分の連鎖は非晶鎖となり房状になると考えられている．	ポリエチレン（高密度）のように，分岐をほとんどもたない高分子の希薄溶液（たとえば，溶媒にキシレンを用い，濃度が 0.1 g/dL 程度の熱溶液）を作り，これを冷却すると板状の結晶（ラメラ結晶）が析出する．（図3.7(a)参照）	ポリプロピレン（アイソタクチック）やポリエチレン（低密度）のように，分岐を多くもつ高分子の高濃度溶液を作り，これを急冷して結晶化させた場合，樹の枝状に結晶が成長する．枝はラメラ結晶で形成されている．（図3.7(b)参照）	左記の高濃度の高分子溶液を徐冷して結晶化させると，樹枝状結晶はさらに成長して球状結晶（球晶）になる．球晶内部は，ラメラ晶が密に詰まっている．多くの高分子では，このような球晶が観察される．（図3.8および図3.9参照）	高分子溶液を撹拌しながら結晶化（配向結晶化）させると，このような形態の結晶が析出する．羊の肉（カバブ）を串（シシ）に刺して焼いたトルコアルメニア地方の料理に似ていることから命名された．

（a）ラメラ結晶の走査型電子顕微鏡写真
（高密度ポリエチレン）
（バラの花びらのような形態が見える）

（b）樹枝状結晶の走査型電子顕微鏡写真
（直鎖状低密度ポリエチレン）
（木の枝やサンゴ礁の形態が見える）

●図 3.7 ● 結晶の顕微鏡写真

（a）偏光顕微鏡写真（直交ニコル下で撮影）

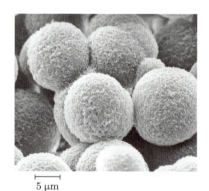
（b）走査型電子顕微鏡写真
（iPP-エチルベンゼン系）

●図 3.8 ● iPP の球晶

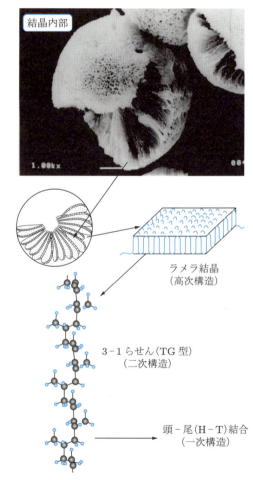
●図 3.9 ● iPP の球晶内部のようす（走査型電子顕微鏡写真）（●：炭素原子，○：水素原子）

3.1.4 一次構造・二次構造・高次構造の関係

これまで述べてきた一次構造，二次構造，高次構造の概略と相互関係を示したものが，図3.10（次ページ）である．この図の高次構造で，たとえば，図(a)の伸びきり鎖の集合体のように，高分子鎖をそれぞれ配向させて繊維にすれば，高強度・高弾性率をもつ繊維材料を作ることができる．すなわち，分子鎖が伸びている方向に高分子の向きを揃えると，この方向に引っ張ってもほとんど伸びない（変形しない）材料が得られる．現在，このようにして得られた繊維（たとえば，ケブラー®繊維（第5章参照））は，防弾服や宇宙服に利用されている．これらの構造について，次節でもう少し詳細に調べる．

 3.1 房状ミセル（fringed micelle）とラメラ結晶（lamellar crystal）の違いを，図で示しながら説明せよ．

解答 図3.11に示すように，房状ミセルは分子間結晶であるのに対して，ラメラ結晶（ラメラ晶，ラメラ）は分子内結晶である．つまり，ラメラ結晶は1本の分子鎖がホールディング（folding）しながら，分子内で結晶を形成している．

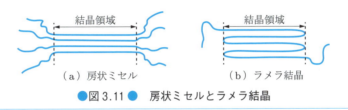

● 図3.11 ● 房状ミセルとラメラ結晶

Step up 共重合体組成のミクロ構造解析—NMR測定からわかること

ポリエチレンは高結晶性の高分子であるが，エチレン（E）とプロピレン（P）との共重合体で，適当量のEとPがランダムに主鎖に導入されると，その高分子は弾力性のある，いわゆるエラストマー（elastomer）となり，ゴム的性質をもつようになる．プロピレンによるメチル分岐（短鎖分岐）がエチレン鎖の結晶成長を著しく妨げるからである．実際に，Pが50 wt％程度導入されると，ほぼ非晶体となり，ゴム材料になる．

どれくらいの数のEが連続して導入されているかは，NMR（nuclear magnetic resonance）によるスペクトルの測定を通して知ることが可能である．NMR（核磁気共鳴）測定は，極めて強い磁場の中に，アンプルに入れた試料を置き，これにラジオ波を照射して核磁気共鳴させ，分子がもとの状態に戻るときの信号を利用して，分子構造を調べるものである．とくに，有機化合物の構造決定や高分子共重合体のモノマー配列の決定などに欠かせない装置となっている．詳細は，本シリーズの機器分析などを利用するとよい．P含量が12 wt％のエチレン-プロピレンランダム共重合体試料では，Eは平均して13個連続して存在している．つまり，13個（平均）のEの連続した部分が1本の高分子鎖の中に何箇所か存在し，主鎖を構成している．この試料についてX線散乱測定を行うと，結晶成分による散乱ピークが観測できるので，Eが平均で13個程度連続した部分が主鎖の一部を構成していると，その試料はまだ結晶化可能である．ところが，P含量が50 wt％の試料になると，Eが連続して存在する数は極めて少なくなり，平均で4個となる．これくらいのEの数になると，もはやX線による結晶散乱ピークは観測されない．表3.2は，プロピレン含量は異なるが，重量平均分子量がほぼ等しい3種類の試料について得られた実験結果である．

■ 表3.2 ■ プロピレン含量の異なる3種類のエチレン-プロピレンランダム共重合体試料のエチレン連鎖数

プロピレン（P）含量 [wt％]	重量平均分子量	連続して存在するエチレン（E）の平均数（NMR測定から推算）	模式図（両端はプロピレン（P））	結晶化の有無（X線測定から判断）
12	11.5×10^4	13	～P EEEEEEEEEEEEE P～	結晶化する
23	12.1×10^4	9	～P EEEEEEEEE P～	結晶化する
50	11.9×10^4	4	～P EEEE P～	結晶化しない

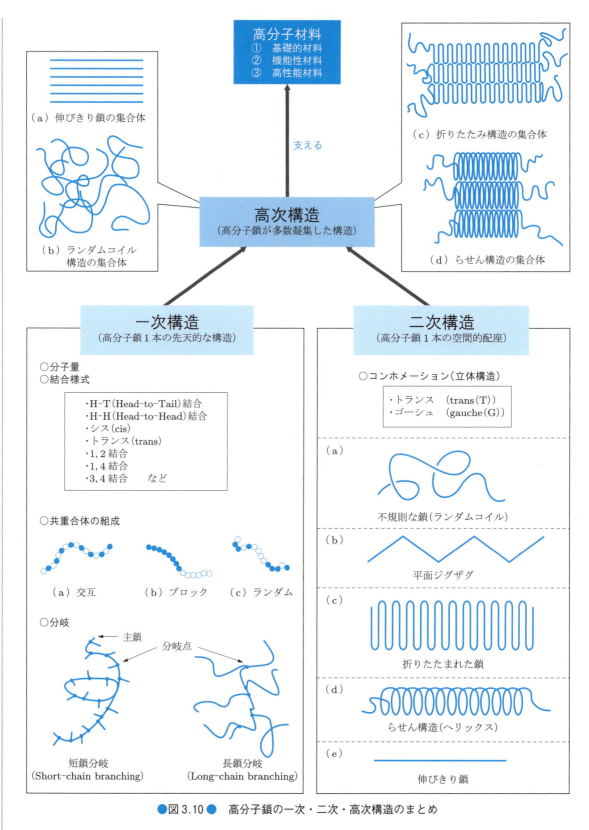

●図 3.10● 高分子鎖の一次・二次・高次構造のまとめ

3.2 高分子鎖の結合様式と立体構造

高分子化合物は，モノマー単位が多数結合しているので，モノマー間の結合様式に低分子化合物では見られない特徴がある．

3.2.1 ビニル系モノマーが結合する場合

図 3.12 に示すように，エチレン分子の水素原子1個がR（置換基という）で置き換わったものをビニル系モノマーという．Rがフェニル基であれば，ポリスチレンの原料であるスチレンモノマーとなる．高分子化合物の結合様式を，ビニル系モノマーが付加していく場合について調べてみよう．規則正しくモノマーが付加していくと，結晶性に富むポリマーが生成される．

（a）頭－尾結合と頭－頭結合

ビニル系モノマーにおいて，置換基Rが結合している炭素原子を頭（Head）とし，置換基Rが結合していないもう一方の炭素原子を尾（Tail）としたとき，モノマーどうしが付加して，つぎつぎに結合していく様式として，図 3.12（a）の頭と尾が規則正しく結合する場合（頭－尾（Head-to-Tail）結合という），図（b）の頭と頭が結合する場合（頭－頭（Head-to-Head）結合という），図（c）のまったく不規則に結合していく場合とがある．図（a）と図（b）では，4個のモノマーを使った具体例もあわせて描かれている．図（b）の頭－頭結合には，必ず尾と尾の結合も存在することに注意する必要がある．つまり，尾－尾（Tail-to-Tail）結合も存在する．

（b）高分子鎖の立体規則性

高分子を合成する際に，特定の触媒を用いると，置換基Rの位置が主鎖の作る面に対して立体的に規則性をもつ高分子が生成することが知られている．（a）項で述べた頭－尾結合からなる高分子鎖を考えよう．このような高分子鎖で，主鎖が作る面に対して置換基Rがすべて同じ側に位置しているものをアイソタクチックまたはイソタクチック（isotactic）構造，Rが表と裏に交互に存在しているものをシンジオタクチック（syndiotactic）構造，Rがまったく規則性なしに存在しているものをアタクチック（atactic）構造とよんでいる．図 3.13 は，これらの投影図になっている．ここで，θ は結合角である．

一例として，置換基Rがメチル基の場合，すなわち，ポリプロピレンについて考えよう．ポリプロピレンには，アイソタクチックポリプロピレン（iPP），シンジオタクチックポリプロピレン（sPP），アタクチックポリプロピレン（aPP）がある．iPP鎖が結晶化したときの高分子鎖の形態を模式的に図 3.14 に示す．主鎖が作る面をフィルム面で表し，その面に対して，同じ側（フィルムの表側）にメチル基（①～④の画鋲で示してある）が存在している．iPP鎖にはメチル基が存在するため，これが立体障害となり，iPP鎖が結晶化すると，主鎖が作る面はメチル基による立体障

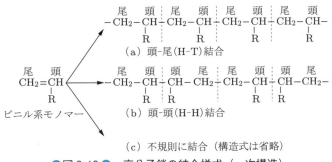

●図 3.12● 高分子鎖の結合様式（一次構造）

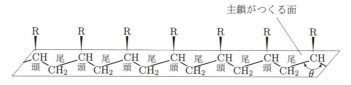

(a) アイソタクチック構造

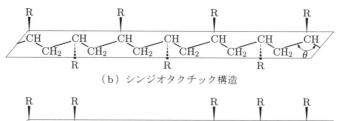

(b) シンジオタクチック構造

(c) アタクチック構造

● 図 3.13 ● 高分子鎖の立体規則性（投影図で，θ は結合角）

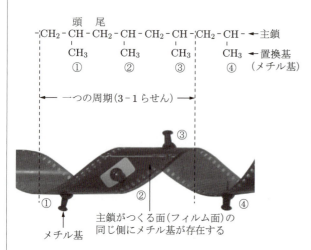

● 図 3.14 ● 結晶化した iPP 鎖のコンホメーション（模式図）①のメチル基（画鋲）と④のメチル基（画鋲）は，立体的に同じ位置である→①②③で1周期→3-1 らせん

● 図 3.15 ● iPP 鎖の繊維周期（3-1 らせん）

■ 表 3.3 ■ 各種ポリプロピレンの融点とコンホメーション

	特徴	融点 T_m [℃]	コンホメーション
iPP	・結晶性高分子である． ・実用性は大で，工業化されている．	約 160	TG 型 (c 軸 =0.650 nm)
sPP	・結晶化度は比較的高い． ・ほとんど工業化されていない．	約 150	TTGG 型 (T_2G_2 型) (c 軸 =0.73 nm)
aPP	・結晶化しない（iPP の副生成物）． ・実用性はほとんどない．		ランダム

害を少なくするために平面とはならない，このため，らせん構造をとることが知られている．

　図 3.14 を見ると，メチル基①とメチル基④が空間的に同じ位置にいるのがわかる．このように，iPP の結晶鎖は，モノマーが3個連なった構造で一つの周期を形成する．このようならせんを，3-1 らせん（または 3_1 らせん）とよぶ．単純化すると，図 3.15 のようになる．

　iPP のような立体規則性の高分子は，結晶化するので，力学強度や耐熱性に優れた材料となり，実用化されている．

　表 3.3 に，3 種類のポリプロピレンを示す．これらの中で，今日，われわれの生活に最もよく利用されているものが iPP である．この高分子は，

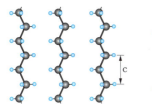
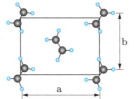

（a）PE：平面ジグザグ（2-1 平面）（T 型）

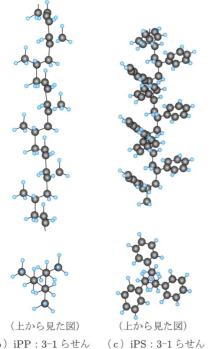

（上から見た図）　　　（上から見た図）
（b）iPP：3-1 らせん　　（c）iPS：3-1 らせん
　　　（TG 型）　　　　　　　（TG 型）

●図 3.16●　高分子鎖のコンホメーション
（●：炭素原子，○：水素原子）

図 3.16(a)のポリエチレン（PE の場合は，分子鎖は平面ジグザグ構造を形成して結晶化している）と同様に，その分子鎖は図 3.16(b)のように結晶化している（iPP の場合は，らせん構造を形成して結晶化している）ので融点は高く，機械的強度にも優れている．しかも，無害であるため，食品を入れる容器類に広く使われている．また，図 3.16(c)の iPS（アイソタクチックポリスチレン）では，3個のスチレンモノマーで1周期となるらせん構造（3-1 らせん）を形成して結晶化している．したがって，この高分子鎖を上方から見ると，図のように 3 個のフェニル基が中心からで

ている．

なお，図 3.16(a)の PE の結晶鎖において，a，b，c は，結晶の単位格子の軸長である．PE の単位格子は斜方晶（軸長：$a \neq b \neq c$，軸角：$\alpha = \beta = \gamma = 90°$）で，$a = 0.740$ nm，$b = 0.493$ nm，$c = 0.2534$ nm であることが X 線解析から知られている．なお，結晶系のおもな例については，付表 7 に示した．

3.2.2　ジエン系モノマーが結合する場合

分子中に 2 重結合を二つ含むモノマーを，ジエン系モノマーという．これらが重合すると，主鎖中に多数の二重結合をもつポリエン（polyene）が生成される．ポリエンの中で，工業的にとくに重要なものはゴムであり，ゴムは高分子物質の中で最も典型的な粘弾性を示す物質である．イソプレンモノマー（図 3.17(a)）が重合する場合，用いる触媒（Li 触媒，チーグラー触媒など）により，図(b)～(e)のような結合をもつ高分子がそれぞ

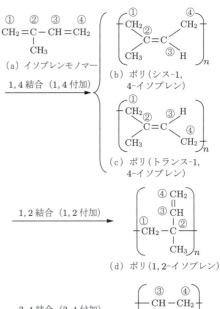

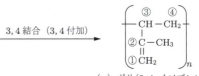

●図 3.17●　ポリイソプレンの異性体（b と c は，互いに幾何異性体であり，b，c，d，e は構造異性体である）

れ得られる．実際は，混合物となる場合が多い．

図(b)や図(c)は，主鎖中に二重結合を多数もつポリエンで，図(c)の1,4付加したトランス型のポリイソプレンは，常温ではゴム弾性を示さないが，高温（70～80℃）にするとゴム弾性を示すことが知られている．この物質はグッタペルカ（guttapercha）ともよばれ，ゴムと類似の天然物質である．これに対し，図(b)の1,4付加したシス型のポリイソプレンは，理想的なゴム材料である．これに対し，図(d)，(e)のような構造をもつポリイソプレンは，ゴム弾性を示さないので，ゴム材料には適さない．

例題 3.2 ブタジエンモノマーとは，つぎのようなものである．

① ② ③ ④
$CH_2=CH-CH=CH_2$

これが重合したポリブタジエンについて，以下の設問に答えよ．
(1) ブタジエンモノマーを重合してポリブタジエンを生成するとき，得られると予想されるポリブタジエンについて，異性体の構造式（繰り返し単位）と名称をすべて記せ．
(2) 設問(1)で得られたポリブタジエンの異性体の中で，ビニル型構造をもつポリブタジエンの構造式（繰り返し単位）と名称を書け．
(3) 設問(2)の高分子が頭−尾結合した場合，立体規則性を考慮すると，どのような高分子が生成すると予想されるか．名称と構造をすべて示せ．なお，構造はモノマーを3個用いて示すこと．

解答 (1) 2重結合が開いてブタジエンモノマーが重合していく場合，2重結合の開き方には，以下の3通り(a)(b)(c)が考えられる．

(a) ①のCと②のCの間の2重結合の一つが開く場合

$$\left[\begin{array}{c} {}^{④}CH_2 \\ \| \\ {}^{③}CH \\ | \\ {}^{①}CH_2-{}^{②}CH \end{array} \right]_n$$ ポリ(1,2-ブタジエン)

(b) ③のCと④のCの間の2重結合の一つが開く場合

$$\left[\begin{array}{c} {}^{③}CH-{}^{④}CH_2 \\ | \\ {}^{②}CH \\ \| \\ {}^{①}CH_2 \end{array} \right]_n$$ ポリ(3,4-ブタジエン)

(c) ①と②の間，および③と④の間のそれぞれの2重結合がともに開く場合

$$\left[\begin{array}{c} {}^{①}CH_2 \quad {}^{④}CH_2 \\ {}^{②}C={}^{③}C \\ H \quad\quad H \end{array} \right]_n$$ ポリ(シス-1,4-ブタジエン)

$$\left[\begin{array}{c} {}^{①}CH_2 \quad\quad H \\ {}^{②}C={}^{③}C \\ H \quad\quad {}^{④}CH_2 \end{array} \right]_n$$ ポリ(トランス-1,4-ブタジエン)

(a)のポリ(1,2-ブタジエン)と(b)のポリ(3,4-ブタジエン)は，構造がともに同じであるから，番号の小さいポリ(1,2-ブタジエン)が正解となる．以上より，異性体としては3種類，つまり，ポリ(1,2-ブタジエン)，ポリ(シス-1,4-ブタジエン)，ポリ(トランス-1,4-ブタジエン)が生成されると予想される．

(2) ビニル型は，置換基をRとすると，以下のような構造である．

$$-CH-CH_2-$$
$$|$$
$$R$$

このような構造をもつポリブタジエンは，(1) の (a) である．つまり，以下のようになる．
名称：ポリ (1,2-ブタジエン)
繰り返し単位の構造：

$$\left[\begin{array}{c} CH-CH_2 \\ | \\ CH \\ \| \\ CH_2 \end{array}\right]_n$$

(3) ビニル型高分子が頭-尾結合して重合すると，つぎの (a)，(b) の2種類の立体規則性高分子が生成されると考えられる．
 (a) 名称：アイソタクチックポリ(1,2-ブタジエン)
  置換基は，主鎖が作る面に対して，同じ側につく．

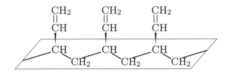

 (b) 名称：シンジオタクチックポリ(1,2-ブタジエン)
  置換基は，主鎖が作る面に対して，上下に交互につく．

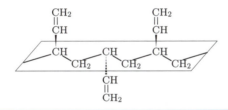

3.3 結晶化度

　高分子は，通常の低分子化合物と比較すると分子鎖が非常に長く，しかも結晶成長を妨げる長鎖分岐や短鎖分岐をもつものが多いので，100％の結晶体は得られにくい．したがって，高分子固体中には，一般に，結晶領域と非晶領域とが混在し，高分子の種類によってはほとんどが非晶領域であるものもある[*2]．
　高分子固体中に占める結晶部分の割合を，一般に**結晶化度**（degree of crystallinity）という．結晶化度は，その高分子について絶対的な値ではなく，同一試料でも結晶化させる条件が異なると[*3]，結晶化度の値は異なってしまう．つまり，結晶化度は，高分子の一次構造に関係した値ではなく，高次構造に関係した値（高分子鎖の凝集状態を反映した値）である．

[*2]　たとえば，透明性のよいポリメタクリル酸メチル（PMMA）は，非晶性ポリマーの代表例である．
[*3]　たとえば，高分子固体の溶融液（melt）を急冷して結晶化させたり，逆に徐冷して結晶化させるなど．

3.3.1 結晶化度 X_c の定義

ポリエチレンやポリプロピレンのような結晶性の高分子固体にX線を当てると，固体中の結晶部分によるX線散乱曲線（シャープな曲線になる）と非晶部分によるX線散乱曲線（ブロードな曲線になる）が同時に観測される．散乱の大きさ（散乱強度）は，固体中の結晶部分や非晶部分のそれぞれの存在量に比例した量（散乱曲線の面積）として現れる．両者の散乱曲線は一般に重なって観測されるので，所定の方法に基づいて分離すれば，結晶散乱の面積と非晶散乱の面積をそれぞれ求めることができ，これらの面積比から高分子固体の結晶化度を推算することができる．

図 3.18 に，直鎖状低密度ポリエチレン（エチレン - プロピレンランダム共重合体）のX線散乱測定の結果を示した．比較のために，①には高密度ポリエチレン（HDPE）の散乱曲線を，⑤にはアイソタクチックポリプロピレン（iPP）の散乱曲線を示した．図中の②，③，④は，直鎖状低密度 PE をそれぞれ有機溶媒（二硫化炭素 CS_2）中でゲル化させた後，これを乾燥させたフィルムのX線散乱曲線である．これらに対し，②′，③′，④′は，同じ PE 試料をそれぞれ CS_2 に溶解させた後，ゲル化させないまま溶媒を揮発させた乾燥フィルム（溶液からのキャストフィルムという）のX線散乱曲線である．②→③→④になるにつれ，同様に②′→③′→④′になるにつれ，試料中のプロピレン含量（PC）は増加する．

②と②′，③と③′をそれぞれ比較すると，PE をいったん有機溶媒中でゲル化させた②や③のフィルムの結晶散乱は大きくなり，このことから，ゲル状にしたほうが，より多くの結晶が生成することがわかる．エチレン - プロピレンランダム共重合体の試料中にプロピレン含量（つまり，メチル基の数）が増加していくと，結晶散乱は著しく低下していくようすがわかる．④，④′のようにプロピレン含量が最も多い試料では，結晶散乱ピークはほとんど見られない．このように，高分子鎖中に結晶成長を妨げる分岐が増加すると，高分子固体中の非晶領域は増加し，逆に結晶領域は減

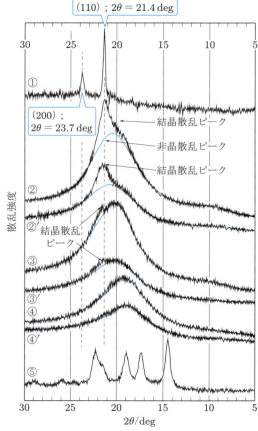

●図 3.18● プロピレン含量（PC）が異なるエチレン - プロピレンランダム共重合体のX線散乱曲線の比較

（②②′：PC=22 wt %；③③′：PC=26 wt %；④④′：PC=49 wt %）

少していく．

そこで，高分子の試料中にどれくらいの結晶領域が存在しているかを定量的に検討するために，以下の物理量を定義する．

- 試料全体の質量 $= W$ [g]
- 試料中の結晶部分の質量（weight of crystalline region）$= W_c$ [g]
- 試料中の非晶部分の質量（weight of amorphous region）$= W_a$ [g]

とすると，結晶化度 X_c [%] は，次式で定義される．

$$X_c[\%] = \frac{W_c}{W} \times 100 = \frac{W - W_a}{W} \times 100 \quad (3.1)$$

ここで，$W = W_a + W_c$ である．

実験的に X_c を推算するには，高分子材料中の W_c や W_a をそれぞれ分離することが不可能であるので（図3.19参照），つぎのような実験手段を用いる．

① 熱分析法
② 密度法
③ X線法

ここでは，実験が比較的容易である熱分析法と密度法を紹介する．

3.3.2 熱分析法による結晶化度の測定

示差走査熱量計（differential scanning calorimeter，略して DSC）を用いると，結晶性ポリマーの融解熱 ΔH_m や融点 T_m を精度よく測定することができる．高分子鎖が絡み合ったり，あるいは絡み合いがはずれたりする程度では，熱の出入りは観測できない．これに対し，高分子鎖が結晶化したり，融解したりすると，大きな熱の出入りが観測される．DSC 測定は，このような熱の出入りを基準物質との差で検出している．すなわち，基準物質（一般には，α-アルミナ）と測定しようとする高分子試料の2種類を装置内にセットし，両者の温度を一定の速度で昇温する．このとき，基準物質は一定の速度で昇温していくのに対し，高分子試料の場合はその融点近傍で，試料と基準物質に温度差が現れる．この温度差を熱エネルギーに変換して縦軸にとり，横軸に温度をとってグラフ化したものが，DSC 曲線である．基準物質と高分子試料に温度差がなければ，DSC 曲線はベースラインになる．温度差が生じ吸熱反応であれば，下に凸の DSC 曲線になり，逆に発熱反応であれば，上に凸の DSC 曲線となる．

各種ポリエチレンの融解にともなう典型的な DSC 曲線を図3.20に示す．結晶成長を妨げる構造因子（たとえば，分岐やその分布，コモノマーの種類やその分布など）がポリエチレンの分子鎖

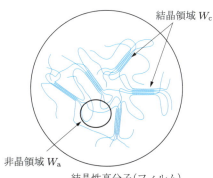

● 図 3.19 ● 結晶性高分子の結晶領域と非晶領域（模式図）(不完全なラメラ晶やタイ分子などが混在する）

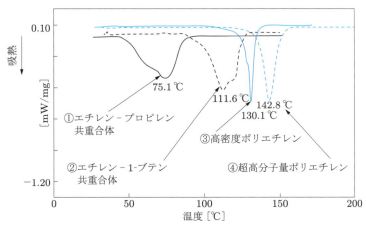

● 図 3.20 ● 各種ポリエチレンの融解にともなう DSC 曲線の比較（昇温速度：10 ℃/min）

中に存在すると，ポリエチレンの融点が著しく低下するようすがわかる．各曲線のピークトップに示してある温度が，その試料の T_m である．図3.20中の③の高密度ポリエチレン（HDPE）のように，主鎖に分岐がほとんどないポリエチレン試料の融解挙動はシャープ（狭い分布）であるのに対し，図中①のエチレン－プロピレン共重合体（直鎖状低密度ポリエチレン（LLDPE））のように，コモノマーによる短鎖分岐（エチレン－プロピレン共重合体ではメチル分岐）が存在すると，融解挙動はかなり広い分布になる．

それぞれのDSC曲線の融解熱を ΔH_m（吸熱曲線の面積に比例した値）とすると，X_c は次式で与えられる．

$$X_c[\%] = \frac{\Delta H_m}{\Delta H_m^*} \times 100 \tag{3.2}$$

ここで，ΔH_m^* はポリマーの完全結晶体の融解熱である．ポリエチレンの場合は，$\Delta H_m^* = 289$ [J/g] という値が報告されている．そのため，DSC測定により，試料の ΔH_m の値を実測すれば，式（3.2）から X_c を推算することができる．

3.3.3　密度法による結晶化度の測定

X_c が未知である試料の比容と密度をそれぞれ表3.4のように定義すると，つぎのようにして高分子材料の結晶化度を推算することができる．

比容に式（3.3）のような加成性が成立すると仮定すると，

■表3.4■　高分子の比容と密度

	試料	結晶部分	非晶部分
比容 [cm³/g]	V	V_c	V_a
密度 [g/cm³]	ρ	ρ_c	ρ_a

$$\begin{aligned}
V &= \underset{\text{（結晶部分）}}{V_c X_c} + \underset{\text{（非晶部分）}}{V_a(1-X_c)} \\
&= V_c X_c + V_a - V_a X_c \\
&= (V_c - V_a) X_c + V_a
\end{aligned} \tag{3.3}$$

より，

$$X_c[\%] = \frac{V - V_a}{V_c - V_a} \times 100 \tag{3.4}$$

となる．一方，比容は密度の逆数で，$V = 1/\rho$，$V_c = 1/\rho_c$，$V_a = 1/\rho_a$ であるから，これらを式（3.4）に代入すると，次式が得られる．

$$\begin{aligned}
X_c[\%] &= \frac{1/\rho - 1/\rho_a}{1/\rho_c - 1/\rho_a} \times 100 \\
&= \frac{(\rho_a - \rho)/(\rho \times \rho_a)}{(\rho_a - \rho_c)/(\rho_c \times \rho_a)} \times 100 \\
&= \frac{\rho_a - \rho}{\rho \times \rho_a} \times \frac{\rho_c \times \rho_a}{\rho_a - \rho_c} \times 100 \\
&= \frac{\rho_c(\rho_a - \rho)}{\rho(\rho_a - \rho_c)} \times 100 \\
&= \frac{\rho_c(\rho - \rho_a)}{\rho(\rho_c - \rho_a)} \times 100
\end{aligned} \tag{3.5}$$

したがって，試料の密度 ρ を実測し，結晶密度 ρ_c と非晶密度 ρ_a を文献から探せば，結晶化度 X_c を求めることができる．

3.4　一次構造が固体物性に及ぼす影響

ポリエチレン（PE）を例にとり，一次構造（とくに，短鎖分岐の種類）の変化が固体材料の物性にどのような影響を及ぼすかを調べてみよう．PEは，密度の差（分岐の種類，分布，存在量の差）によって，つぎの表3.5のように3種類に大別され，使用目的に応じて利用されている．

ここでは，近年注目されている表3.5の（3）の直鎖状低密度ポリエチレン（LLDPE）を取り上げる．このポリマーは，モノマーにエチレン，コモノマーにアルケンを用いた共重合体で，コモノマーの種類を変えることによって，短鎖分岐の種類を自由に変えることができるところに大きな特徴がある．コモノマーの種類とそれによって発生する短鎖分岐の種類を詳細にまとめたものが，表3.6である．

一次構造の異なるこれらのLLDPE試料を使い，

■表3.5■　ポリエチレン（PE）の種類

	種類	分岐の状態	密度 [g/cm³]	概略図
(1)	高密度ポリエチレン high-density polyethylene（HDPE）	主鎖に分岐がほとんど存在しない．	0.94〜0.99	主鎖
(2)	低密度ポリエチレン low-density polyethylene（LDPE）	長鎖分岐と短鎖分岐が混在する（主鎖と分岐鎖が区別できない）．	0.91〜0.93	
(3)	直鎖状低密度ポリエチレン linear low-density polyethylene（LLDPE）	主鎖に一定の長さの短鎖分岐が存在する（表3.6参照）．	0.91〜0.93	主鎖／同じ長さの短鎖分岐

■表3.6■　短鎖分岐をもつ各種ポリエチレン（LLDPE）とその構造

モノマー	コモノマー	コポリマー（共重合体）の構造
エチレン $CH_2=CH_2$	プロピレン　$CH_2=CH$ 　　　　　　　　　$\vert$ 　　　　　　　　　CH_3	メチル分岐　$-(CH_2-CH_2)-(CH_2-CH)-$ 　　　　　　　　　　　　　　　　　　　$\vert$ 　　　　　　　　　　　　　　　　　　　CH_3
	1-ブテン　$CH_2=CH$ 　　　　　　　　$\vert$ 　　　　　　　　CH_2 　　　　　　　　$\vert$ 　　　　　　　　CH_3	エチル分岐　$-(CH_2-CH_2)-(CH_2-CH)-$ 　　　　　　　　　　　　　　　　　　　$\vert$ 　　　　　　　　　　　　　　　　　　　CH_2 　　　　　　　　　　　　　　　　　　　$\vert$ 　　　　　　　　　　　　　　　　　　　CH_3
	1-ヘキセン　$CH_2=CH$ 　　　　　　　　　$\vert$ 　　　　　　　　　CH_2 　　　　　　　　　$\vert$ 　　　　　　　　　CH_2 　　　　　　　　　$\vert$ 　　　　　　　　　CH_2 　　　　　　　　　$\vert$ 　　　　　　　　　CH_3	ブチル分岐　$-(CH_2-CH_2)-(CH_2-CH)-$ 　　　　　　　　　　　　　　　　　　　$\vert$ 　　　　　　　　　　　　　　　　　　　CH_2 　　　　　　　　　　　　　　　　　　　$\vert$ 　　　　　　　　　　　　　　　　　　　CH_2 　　　　　　　　　　　　　　　　　　　$\vert$ 　　　　　　　　　　　　　　　　　　　CH_2 　　　　　　　　　　　　　　　　　　　$\vert$ 　　　　　　　　　　　　　　　　　　　CH_3
	4-メチル-1-ペンテン　$CH_2=CH$ 　　　　　　　　　　　　　$\vert$ 　　　　　　　　　　　　　CH_2 　　　　　　　　　　　　　$\vert$ 　　　　　　　　　　　　　CH 　　　　　　　　　　　　$/\ \ \backslash$ 　　　　　　　　　　　$CH_3\ \ CH_3$	イソブチル分岐　$-(CH_2-CH_2)-(CH_2-CH)-$ 　　　　　　　　　　　　　　　　　　　　　$\vert$ 　　　　　　　　　　　　　　　　　　　　　CH_2 　　　　　　　　　　　　　　　　　　　　　$\vert$ 　　　　　　　　　　　　　　　　　　　　　CH 　　　　　　　　　　　　　　　　　　　　$/\ \ \backslash$ 　　　　　　　　　　　　　　　　　　　$CH_3\ \ CH_3$
	1-オクテン　$CH_2=CH$ 　　　　　　　　　$\vert$ 　　　　　　　　　CH_2 　　　　　　　　　$\vert$ 　　　　　　　　　CH_2 　　　　　　　　　$\vert$ 　　　　　　　　　CH_2 　　　　　　　　　$\vert$ 　　　　　　　　　CH_2 　　　　　　　　　$\vert$ 　　　　　　　　　CH_2 　　　　　　　　　$\vert$ 　　　　　　　　　CH_3	ヘキシル分岐　$-(CH_2-CH_2)-(CH_2-CH)-$ 　　　　　　　　　　　　　　　　　　　　$\vert$ 　　　　　　　　　　　　　　　　　　　　CH_2 　　　　　　　　　　　　　　　　　　　　$\vert$ 　　　　　　　　　　　　　　　　　　　　CH_2 　　　　　　　　　　　　　　　　　　　　$\vert$ 　　　　　　　　　　　　　　　　　　　　CH_2 　　　　　　　　　　　　　　　　　　　　$\vert$ 　　　　　　　　　　　　　　　　　　　　CH_2 　　　　　　　　　　　　　　　　　　　　$\vert$ 　　　　　　　　　　　　　　　　　　　　CH_3

固体試料（バルク）の密度を実測したものが図3.21である．図の横軸のSCB/1000 CH₂は，NMRより推算したメチレン（-CH₂-）1000個あたりに存在する短鎖分岐（short-chain branching）の数で，縦軸は固体PE試料の密度ρ [g/cm³] である．短鎖分岐種の異なるこれらの測定結果を通して，以下のことがわかる．

① 試料中に短鎖分岐の数が増加していくと，分岐種には無関係に，密度ρは単調に低下していく．
② 分岐を構成する炭素の数が増加すれば，すなわち，短鎖分岐が長くなればなるほど，密度は低下する．
③ 炭素数が同じ分岐種，すなわち，ブチル分岐とイソブチル分岐を比較すると，嵩高い分岐（イソブチル分岐）ほど，密度は低下する．

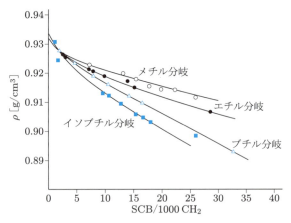

●図3.21● LLDPEの短鎖分岐（SCB/1000 CH₂）の数と密度ρの関係

Step up ポリエチレンやポリプロピレンは水に浮くのだろうか？―結晶密度の計算

湖面に浮かぶプラスチック類を，皆さんはよく目にしているだろう．結晶性の高分子であるポリエチレンやポリプロピレンは，地球上で広く使われている汎用性高分子材料である．これらの試料は，水に浮くのだろうか．これを検討するには，高分子結晶の密度ρ_cを計算すれば見当がつく．原子量はC=12.0，H=1.0とする．

表3.7から，高分子の結晶密度ρ_cをそれぞれ計算すると，ρ_cは単位体積あたりの質量であるから，N_Aをアボガドロ数（6.02×10^{23} [mol⁻¹]）とすると，次式で与えられる．

$$\rho_c = \frac{単位格子に入るモノマーの全質量 [g]}{単位格子の体積\ V\ [cm^3]}$$

$$= \frac{(単位格子に入るモノマーの原子量の和 [g\ mol^{-1}] / N_A [mol^{-1}])}{V\ [cm^3]}$$

この式から，それぞれの高分子のρ_cを計算すると，つぎのようになる．
(1) PEの場合：$\rho_c=1.006$ [g/cm³]
(2) iPPの場合：$\rho_c=0.936$ [g/cm³]

これらの値は結晶成分のみの場合であり，実際の高分子材料には非晶成分も含まれるので，密度の値はこれらよりさらに低下する．水の密度は1 [g/cm³] であるから，実際のPE材料やiPP材料は水に浮いてしまう．PEの完全結晶体の密度（$\rho_c=1.006$ [g/cm³]）は，ほぼ水の密度に等しい．

■表3.7■ 結晶性高分子の単位格子と結晶密度

高分子	結晶系（単位格子の体積V）	単位格子定数			軸角$\alpha,\ \beta,\ \gamma$	単位格子に入るモノマーの数 Z
		a [nm]	b [nm]	c [nm]		
ポリエチレン（PE）	斜方晶 ($a \neq b \neq c$) ($V=abc$)	0.740	0.493	0.2534	$\alpha=\beta=\gamma=90°$	2
ポリプロピレン（アイソタクチック）(iPP)	単斜晶 ($a \neq b \neq c$) ($V=abc\sin\beta$)	0.665	2.096	0.650	$\alpha=\gamma=90°$ $\beta \neq 90°$ ($\beta=99.3°$)	12

3.5 結晶化が起こりやすい構造とコンホメーション

　結晶性の高分子を加熱しながら溶媒に溶かし，それを冷却すると，高分子鎖は所定のコンホメーションをとりながら結晶化する（表 3.8 参照）．図 3.22 は，結晶性の高分子であるポリフッ化ビニリデン（PVdF）をそれぞれ（a）シクロヘキサノンと（b）γ-ブチロラクトンに溶かし，溶液状態のまま FT-IR 測定を行ったものである．FT-IR は，フーリエ変換赤外分光法（Fourier Transform Infrared Spectroscopy）とよばれるもので，この方法は，実験によって得られるさまざまな吸収スペクトル（波形）に対し，その解析ができるように，波形を数学的にフーリエ変換している．図（a）（b）は，ともに三次元の FT-IR 曲線で，グラフの横軸（x 軸）は波数，奥行き（y 軸）は経過時間，縦軸（z 軸）は吸光度である．一定時間ごとに吸光度を測定しているので，グラフの手前側のスペクトルは実験開始直後のもので，奥にいくほど時間が経過している．このような測定は，時分割測定といわれている．実験開始直後は，高分子鎖は溶媒中でランダムコイル（無定形鎖）となって溶解しているので，スペクトルはピークをもたないベースラインとなって現れている．ところが，時間経過につれ熱溶液は冷却してくるので，高分子鎖は結晶化しはじめ，特定の波数の箇所（（a）では 615 cm^{-1} と 532 cm^{-1}，（b）では 511 cm^{-1} と 454 cm^{-1}）でそれぞれ上に凸の波形が現れ出し，やがて飽和していくようすがわかる．これは，高分子鎖がランダムコイルから所定のコンホメーションを形成しながら結晶化していることを示唆している．

　図 3.22（a）の PVdF／シクロヘキサノン系では，TGT$\overline{\text{G}}$ のコンホメーションを形成しながら結晶化する．これに対し，図（b）の PVdF／γ-ブチロ

■表 3.8 ■　代表的な結晶性高分子のコンホメーション

	高分子の種類	コンホメーション	c 軸の長さ [nm]
(1)	ポリエチレン（PE）	T	0.2534
(2)	アイソタクチックポリプロピレン（iPP）	TG	0.650
(3)	シンジオタクチックポリプロピレン（sPP）	T$_2$G$_2$	0.73
(4)	アイソタクチックポリスチレン（iPS）	TG	0.663
(5)	シンジオタクチックポリスチレン（sPS）	T$_2$G$_2$	0.74
(6)	ポリフッ化ビニリデン（PVdF）	TGT$\overline{\text{G}}$	0.462
(7)	〃	T$_3$GT$_3$$\overline{\text{G}}$	0.923

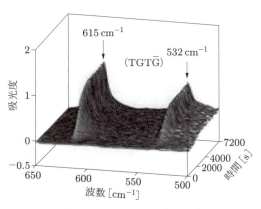

（a）PVdF／シクロヘキサノン系

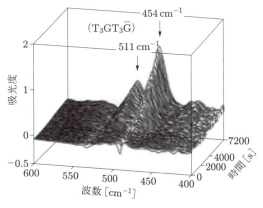

（b）PVdF／γ-ブチロラクトン系

●図 3.22　PVdF／有機溶媒系の FT-IR 測定（時分割測定）

ラクトン系では，$T_3GT_3\bar{G}$ のコンホメーションを形成しながら結晶化する．図 3.22(a)(b)のそれぞれのコンホメーションを図示したものが，図 3.23 である．結晶化していく速度は，繊維周期の短い（つまり，c軸の長さが短い）コンホメーション（$TGT\bar{G}$）を形成する図(a)の系のほうが速い．一般に，高分子は，つぎのような構造をもつと結晶化速度が速くなる．

① 立体規則性（アイソタクチック，シンジオタクチック）の高分子．
② 繊維周期の短いコンホメーションをとる（c軸が短い）高分子．

立体規則性のポリスチレン（たとえば，シンジオタクチックポリスチレン（sPS））を適当な有機溶媒に溶かすと，高分子 - 溶媒間の相互作用力（χ パラメーター）の大きさによって，図 3.24(c)のように sPS 鎖は（1）ランダムコイルから（2）らせんのコンホメーションを形成し，やがて（3）らせん鎖が凝集して物理的な架橋点となり有機溶媒中でゲル化する．詳細な研究によると，図(a)に見られる 536 cm^{-1}，549 cm^{-1}，572 cm^{-1} の吸収ピークは，sPS 鎖の主鎖のコンホメーション形成に関係するもので，TTGG（T_2G_2）型のコンホメーション形成に起因したものである．図

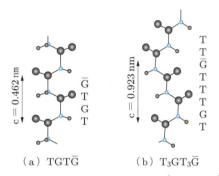

(a) $TGT\bar{G}$　　(b) $T_3GT_3\bar{G}$

●図 3.23 ● ポリフッ化ビニリデン ${-}(CH_2-CF_2{-})_n$ の2種類のコンホメーション（●：F，○：C，•：H）

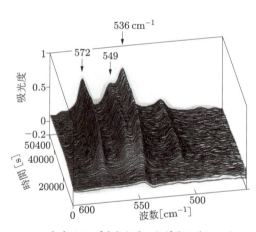

(a) シンジオタクチックポリスチレン / クロロホルム系の時分割 FT-IR 曲線

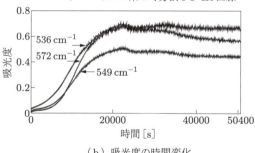

(b) 吸光度の時間変化

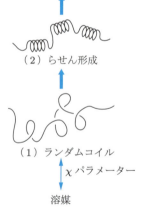

(3) らせんの長さが ζ の分子鎖が ρ 本凝集して結晶化し，ゲル形成

(2) らせん形成

(1) ランダムコイル

χ パラメーター

溶媒

(c) 図(a)の FT-IR 曲線からわかる高分子鎖のコンホメーションの形成過程

●図 3.24 ● sPS（シンジオタクチックポリスチレン）/クロロホルム系（重量平均分子量 $=1.52\times10^5$，溶液濃度 $=5\,g/dL$）の時分割 FT-IR 測定

(b) に示した吸光度の時間変化を見ると，sPS 鎖はクロロホルム中（濃度 5 g/dL）でゆっくりらせんを巻きながら，20000 秒（約 5 時間）で飽和していくようすがわかる．

3.6 高分子材料の劣化

プラスチックやゴムなどの高分子材料を自然界に放置しておくと，徐々に劣化して材料としての特徴（強度や弾力性など）を失っていく．これは，材料を構成する高分子鎖の一部が切断されて短くなり，低分子量化するからである．つまり，高分子鎖による絡み合い効果が徐々になくなり，粘弾性的性質が消失していくのである．高分子鎖を切断するおもなものには，紫外線，オゾン，水（加水分解），微生物（酵素）などがある．

3.6.1 紫外線による高分子鎖の切断

アインシュタインは，光のエネルギー E [kJ mol^{-1}] と波長 λ [nm] の間に，つぎの関係式を見い出した．

$$E = N_A h\nu = N_A hc/\lambda = 1.20 \times 10^5/\lambda \quad (3.6)$$

ここで，E は光のエネルギー [kJ mol^{-1}]，N_A はアボガドロ数（6.02×10^{23} mol^{-1}），h はプランク定数（6.63×10^{-34} J s），ν は光の振動数 [s^{-1}]，c は光の速度（3.0×10^8 ms^{-1}），λ は光の波長 [nm] である．

波長が 400 nm 以上の可視光では，表 3.9 のように，光のエネルギーは一般に原子間の結合エネルギーより小さい．しかし，400 nm より短い紫外線になると，結合種によっては，光のエネルギーが原子間の結合エネルギーより大きくなり，高分子鎖を構成する原子間の結合が破壊されやすくなる．したがって，太陽光のもとに長期間プラスチックなどの高分子材料を放置しておくと，プラスチック類は徐々に劣化していく．ポリ塩化ビニル製のポリバケツを太陽光が当たる屋外に放置して，ボロボロになって壊れてしまった経験をもつ人は多いだろう．

■表 3.9■ 光のエネルギーと原子間の結合エネルギーの比較

光のエネルギー		原子間の結合エネルギー	
波長 [nm]	エネルギー [kJ mol^{-1}]	結合種	結合エネルギー [kJ mol^{-1}]
200	600	C=O	804
		C=C	607
		O=O	490
300	400	O-H	463
		H-H	436
		H-Cl	432
		C-H	413
		N-H	391
		C-O	352
		C-C	348
400	300	C-Cl	328
		H-I	299
500	240	C-N	292
600	200	Cl-Cl	243
700	171	I-I	151
		O-O	139

3.6.2 オゾンによる分解

ゴム材料のように，分子中に二重結合を多く含むポリエンは，空気中のオゾン O_3 と反応してオゾニドとなり，さらに，空気中の水分によりオゾン化ゴムとなり劣化していく．図 3.25 の反応式は，ポリ（シス-1,4-イソプレン）のオゾンによる分解過程を示したものである．

オゾン化ゴムでは，高分子鎖の一部が切断されて分子量低下を引き起こし，ゴム弾性を示さなくなる．その結果，ゴム材料は硬くなり，脆くなる．車のタイヤが古くなると，その側面に小さいヒビ割れをするようになるが，これは，オゾン分解により生じたものである．

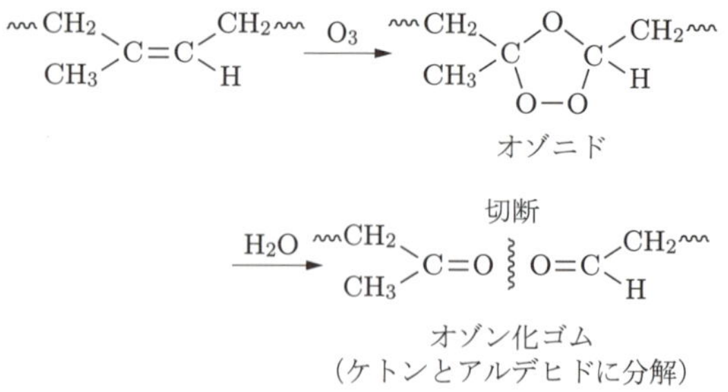

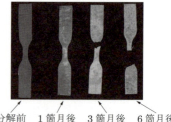

●図 3.25● ポリ（シス-1,4-イソプレン）のオゾン分解

3.6.3 微生物による分解

　生分解性高分子材料を土壌中に埋設しておくと，土壌中の水分や微生物による加水分解が起こり，材料は劣化していく．材料の種類（つまり，材料を構成する分子種や結晶化度）によって比較的速く分解していくものと，ゆっくり分解していくものとがある．たとえば，結晶化度の高いポリ乳酸を土壌中に埋めてもなかなか分解していかないが，非晶性のポリ乳酸では比較的速く分解していく．また，図 3.26 に示す物質（1,4-ブタンジオールとコハク酸との共重合体（ポリブチレンサクシネート，PBS））の土壌中での分解は，比較的速く進行する．分子内にエステル結合をもっているのが，生分解性ポリマーの特徴的な構造である．

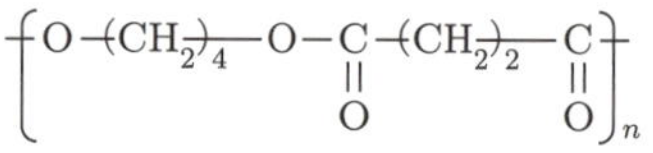

●図 3.26● ポリブチレンサクシネート（PBS）の構造

　PBS をフィルム状にし，ダンベル型に打ち抜いたものを土壌中に埋め，所定期間ごとに取り出したものが図 3.27（a）である．埋設して 3 箇月経過すると，フィルム表面には亀裂が進行し，かなり分解しているようすがわかる．これらのフィルムの分子量分布を測定したものが，図（b）である．

　分子量分布曲線は，ゲルパーミエーションクロマトグラフィー（GPC）により測定したものである．GPC は，一種の液体クロマトグラフィーで，固定相は網目構造をもつゲル粒子からできている．

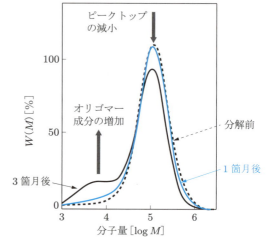

（a）土壌中に埋設したダンベル型 PBS フィルムのようす

（b）GPC により測定した分子量分布曲線の比較
（M は分子量，$W(M)$ は重量分率）

●図 3.27● PBS の土壌中での劣化

図 3.28 に示すように，ゲル粒子が充填されている試料カラムに高分子試料（高分子溶液）を注入すると，分子量の小さい高分子成分はゲル粒子間の隙間の中に入り込むため溶出が遅れるのに対し，分子量の大きい高分子成分は，粒子間の狭い隙間に入ることなく溶出してくるので，ゲル粒子による分子ふるい分けが起こる．このような溶出操作により，分子ふるい分け効果を利用して分子量分布を測定するものが，GPC である．

　図 3.27（b）の分子量分布曲線を互いに比較すると，試験片の分子量分布曲線は埋設日数が経過すると $\log M = 5$（$M = 10^5$）近傍のピークが小さくなり，逆に，分子量が数千程度のオリゴマー成分が増加していく傾向がみられる．

　分子量低下の速さは，温度によって変化する．図 3.29 に，PBS フィルムの加水分解にともなう分子量分布の変化を示す．温度の異なる 3 種類の

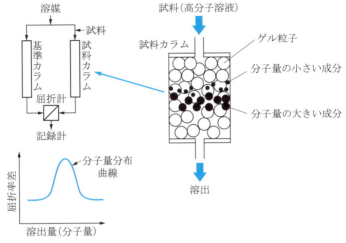

●図 3.28● GPC（島津製）の原理（試料カラム内での分子ふるい分けと記録計による分子量分布曲線の作成）

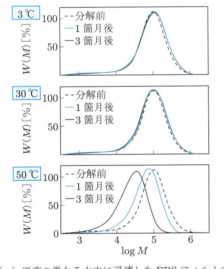

(a) 温度の異なる水中に浸漬した PBS フィルムの分子量分布曲線の比較
（M は分子量，$W(M)$ は重量分率）

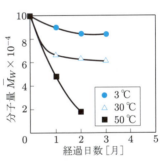

(b) 経過日数が及ぼす平均分子量への影響

●図 3.29● PBS の水中での劣化

恒温槽（3 ℃，30 ℃，50 ℃）を用い，その中に一定期間，フィルムを浸漬した後，分子量分布と重量平均分子量を測定したものである．図 3.26 の土壌中での分解とは異なり，図 3.29(a) の 50 ℃の恒温槽に入れたフィルムの分子量分布曲線を比較すると，浸漬日数とともに分子量分布曲線は低分子量側へシフトしていくようすがわかる．

これらの分子量分布曲線から重量平均分子量を計算し，浸漬日数に対してプロットしたものが図 3.29(b) である．50 ℃のように温度の高い恒温槽中で加水分解させたフィルムの分子量低下は著しい．

演・習・問・題・3

3.1
つぎの文章の①～⑫に，それぞれ適する語句などを入れ，文章を完成させよ．なお，⑥と⑪については，図 3.30 の（a），（b）から適するほうを選べ．

(1) 図 3.31 を見よ．すべての高分子鎖が $\phi = 0°$ で連続してつながっている場合，高分子鎖は（①）型の連続となり，（②）構造となる．

例として，結晶中の（③）鎖があり，結晶の形態は（④）である．また，この構造の場合，繊維周期は（⑤）となる．コンホメーションの図としては，図 3.30 の（⑥）のようになる．

(2) 高分子鎖が $\phi = 0°$，つまり，（⑦）型と $\phi = 120°$，つまり，（⑧）型が交互に連続してつながると，（⑨）構造になる．

例として，（⑩）鎖があげられる．コンホメーションの図としては，図 3.30 の（⑪）のようになる．

(3) 図 3.31 で，C_2-C_3 間が二重結合で，$\phi = 180°$ の場合，（⑫）型となる．

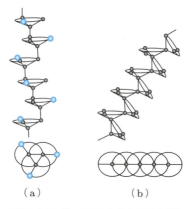

●図 3.30 ● 高分子鎖の空間配置

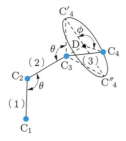

●図 3.31 ● 高分子鎖の空間配置

3.2
図 3.32 は，側鎖にフェニル基をもつ代表的なビニル型高分子の一つである．

(1) この高分子の名称を示せ．
(2) 結合様式は，頭-尾結合であるか，それとも，頭-頭結合であるか．
(3) 置換基（フェニル基）がついている炭素原子を塗りつぶせ．また，モノマーが何個で，一つの周期が現れているか．繊維周期を示せ．
(4) コンホメーションを示せ．

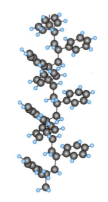

●図 3.32 ● フェニル基を側鎖にもつ高分子の空間配置（●：炭素原子，○：水素原子）

3.3
表 3.10 に示した値を使用し，以下の計算をせよ．

■表 3.10 ■ 高分子の密度および融解点

物性値 物質名	非晶密度 ρ_a [kg m^{-3}]	結晶密度 ρ_c [kg m^{-3}]	融解熱 ΔH_m^* [J g^{-1}]
ポリアセタール	1335	1505	326
ナイロン 66	1091	1241	301

(1) あるポリアセタールの密度を測定したところ，$\rho = 1435$ [kg m^{-3}] であった．一方，融解熱 ΔH_m を DSC で測定したところ，$\Delta H_m = 197$ [J g^{-1}] であった．このポリアセタールの結晶化度 X_c [%] を，それぞれつぎの①②の二つから求めよ．

① 密度から求めた X_c
② 融解熱から求めた X_c

(2) あるナイロン66の融解熱 ΔH_m を DSC で測定したところ，$\Delta H_m = 117$ [J g^{-1}] であった．このナイロン66の結晶化度 X_c [%] を求めよ．また，(a) ナイロン66のモノマーの名称，(b) モノマーの構造式，(c) 重合の種類，(d) ポリマーの繰り返し単位の構造，(e) ナイロン66の結晶鎖は，基本的にはどのようなコンホメーションであるか，これらについて答えよ．

3.4
ポリブタジエンについて，以下の設問に答えよ．
(1) 考えられる3種類の異性体の化学構造（繰り返し単位）と名称をすべて示せ．
(2) ブタジエンモノマーが頭-尾で結合した場合，立体規則性を考慮すると，どのような高分子が生成すると考えられるか．生成する立体規則性高分子の名称と構造（ただし，モノマーは3個でよい）を示せ．

3.5
表3.11を参考にして，以下の設問に答えよ．

表3.11 高分子のガラス転移温度 T_g および密度

高分子材料	プラスチック引張強度 [MPa]	繊維引張強度 [MPa]	T_g [℃]	密度 [kg/m³] ρ_a	密度 [kg/m³] ρ_c
①ナイロン66	63〜84	550〜710	57	1091	1241
②ポリプロピレン	34〜42	680〜1140	−20	853	946
③ポリエチレン	22〜39	740〜1030	−120	853	1004
④ポリ塩化ビニル	35〜63	270〜360	81	—	—
⑤天然ゴム	—	—	−73	—	—

(1) 表3.11の①〜⑤の各材料について，その構造を繰り返し単位の構造で示せ．
(2) ナイロン66のような物質は，プラスチック材料に使用されるだけでなく，繊維としても利用されている．繊維とプラスチックについて材料的な特徴を比較すると，引張強度に関して繊維のほうが大きい値を示す．これは，繊維材料のもつ重要な性質に起因しているが，その性質とは何か．
(3) ④のポリ塩化ビニルについて，その結合様式を頭-頭結合で示せ．ただし，モノマーを3個用いて示せ．
(4) ②のポリプロピレンには，2種類の立体規則性高分子が存在する．いずれも頭-尾で結合した場合について，名称と構造をそれぞれ示せ．ただし，構造はモノマーを3個用いて示せ．
(5) ③のポリエチレンが結晶化した場合に生成する結晶の名称，および結晶中のポリエチレン鎖のコンホメーションをそれぞれ記せ．また，ニューマン投影図も示せ（図には，H（水素）と C_1，C_2，C_3，C_4 のみでよい）．

3.6
イソプレン（IUPAC名：2-メチル-1,3-ブタジエン）の構造式は，図3.33のとおりである．

$$CH_2=C-CH=CH_2$$
$$|$$
$$CH_3$$

● **図3.33** ● イソプレンの構造式

(1) イソプレンの構造式を，Lewis の構造式（点電子式）で示せ．

```
    H       H   H
    C   C   C   C
   H H C H     H
        H
```

(2) イソプレンモノマーを3個使い（下記の①②③），それらが1,4付加したときの構造を Lewis の構造式で示せ．

```
①                  ②                  ③
H   H   H   H      H   H   H   H      H   H   H   H
C   C   C   C      C   C   C   C      C   C   C   C
H H C H            H H C H            H H C H
    H                  H                  H
```

3.7
ゴム材料として使われているポリ(シス-1,4-ブタジエン)のオゾン分解過程を示せ．さらに，分解後の化合物をポリ(シス-1,4-イソプレン)の場合（分解後はケトンとアルデヒドになる）と比較せよ．

3.8

図 3.34 は，アイソタクチックポリプロピレン（iPP）の球晶内部の光学顕微鏡写真である．この写真から，球晶内部の結晶成長のようすを述べよ．

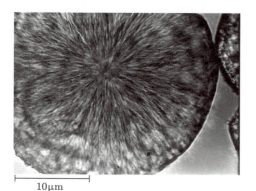

● 図 3.34 ● アイソタクチックポリプロピレン（iPP）の球晶内部の光学顕微鏡写真

3.9

図 3.35 は，走査型電子顕微鏡により観察した，ある高分子の結晶表面の写真である．ある高分子を，ガラスアンプル中でデカリンという有機溶媒に高温（約 160 ℃）で溶かし（濃度は 5 g/dL），ゆっくり冷却（徐冷）して結晶化させたものである．いかなる高分子の結晶であるかを推定せよ．

● 図 3.35 ● ある高分子の結晶表面の写真

第4章 高分子の力学的性質

プラスチックをはじめとする高分子材料が，携帯電話，テレビ，パソコン，カメラ，自動車など，さまざまな製品に用いられるのは，高分子材料の強度や弾性率などが多様で好ましい力学的性質をもっているためである．本章では，強度と弾性率の基本を学び，つぎに高分子材料を長時間使用したときに起こるクリープ現象と，応力緩和とよばれる高分子材料に特有の変形挙動を，実例と理論から学習する．

KEY WORD

応力-歪曲線	強度	弾性率	エントロピー弾性	エネルギー弾性
粘弾性	力学模型	応力緩和	クリープ	瞬間弾性
永久歪	動的粘弾性	貯蔵弾性率	損失弾性率	

4.1 分子量と材料の強度

代表的なプラスチックの強度と分子量 $\overline{M}$ の関係を図4.1で示す．分子量が臨界下限分子量とよばれる値 M_0 に達するまでの分子量の小さな領域では，機械的強度がまったく現れない．しかし，これを過ぎると強度は分子量の増加とともに上昇し，徐々に最大値に近づき，分子量にほとんど依存しない領域に到達する．M_0 と強度がほぼ飽和する分子量 M_s との値を重合度とともに，表4.1に示す．

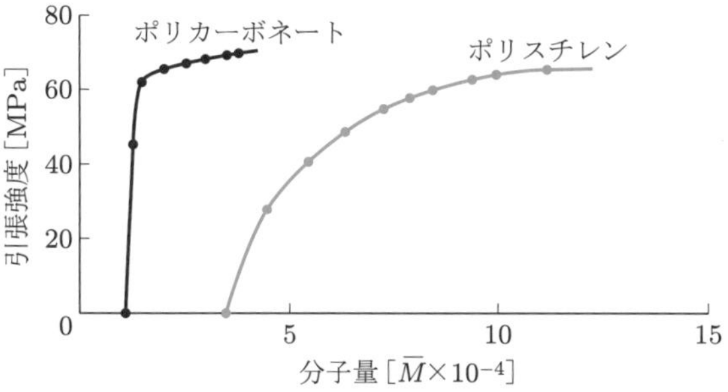

ポリスチレンでは，分子量が35000に達しないと強度が現れないのに対し，ナイロン66では，分子量がわずか6000で強度が出現している．これは，ナイロン66の分子間に強い引力（水素結合と

● 図4.1 ● 高分子材料の分子量と強度との関係

■表4.1■ 各種ポリマーの分子量と強度の関係

ポリマー	強度の出現点		強度の飽和点	
	分子量 M_0	重合度 P_0	分子量 M_s	重合度 P_s
ナイロン66	6000	30	24000	110
ポリエステル	8000	40	30000	130
ポリカーボネート	11000	45	33000	130
ポリアクリロニトリル	15000	280	45000	850
ポリスチレン	35000	340	80000	770
直鎖状低密度ポリエチレン	18000	642	200000	7130

例題 4.1　ナイロン6の分子間にはたらく水素結合を図示して説明せよ．

解答　水素を正端とする双極子と双極子との間の相互作用が水素結合（hydrogen bond）である．ナイロン6では，アミド結合部に基づく H-bond（┅）は，高分子鎖が逆平衡配列（b）のときに，平衡配列（a）の場合よりも効果的にはたらく（図4.2参照）．

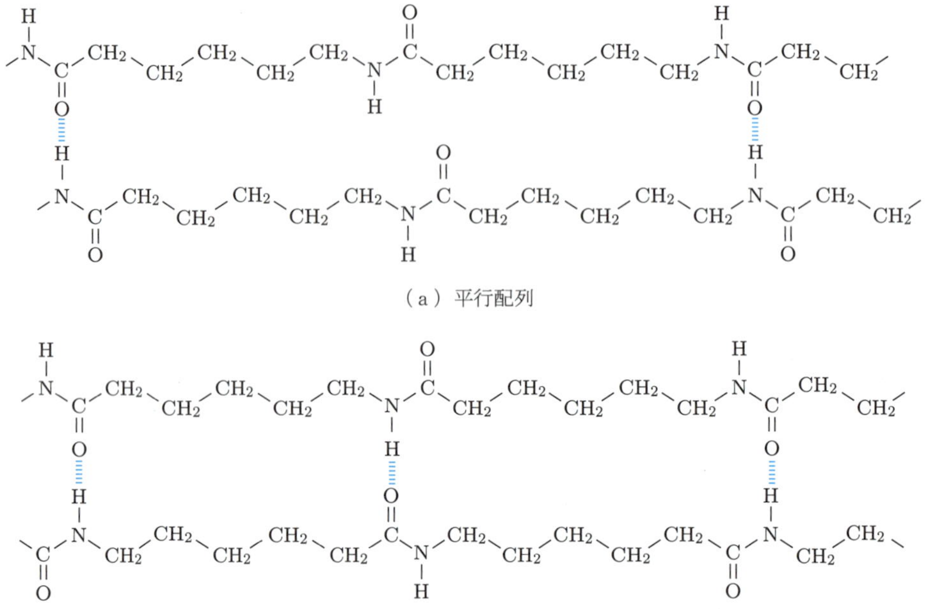

（a）平行配列

（b）逆平行配列

● 図4.2 ● ナイロン6の水素結合

よばれる分子間力）がはたらいているためである．

工学的には，平均分子量は必ずしも大きいほどよいとは限らない．たとえば，繊維は紡糸と延伸の2工程を経て作られるが，繊維の強度を増加させるには，延伸工程で分子鎖を繊維軸方向に揃えることが極めて有効である．アクリル繊維の最大延伸倍率は分子量が8万付近にあるので，繊維原料のポリアクリロニトリルの平均分子量は，この付近に調整されている（図4.3参照）．

一方，CDやDVDの製造に用いられる原料のポリカーボネート（PC）の分子量は，強度と熱安定性を維持できるぎりぎりの約1.5万に抑えられている．それは，PCの溶融粘度がほかのポリマーと比べても非常に高く，しかも分子量依存性が大きいためである．分子量を低く制御することで，均一で薄く，実に丈夫な光ディスクが生産されている（5.2.1，7.2.4項参照）．

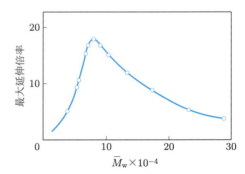

● 図4.3 ● アクリル繊維の重量平均分子量と最大延伸倍率［片山将道：『高分子概論 改訂版』，日刊工業新聞社（1971）より転載］

4.2 弾性率

材料の硬さや軟らかさという感覚的な性質を定量的に数値で表現するには、式（4.1）に示すフックの法則の応力 σ と、ひずみ ε の比例係数で定義される弾性率（elastic modulus）G が用いられる。

$$\sigma = G\frac{\Delta L}{L} = G\varepsilon \tag{4.1}$$

ここで、L は材料の長さ、ΔL は材料が伸びた長さで、ひずみ ε は ΔL と L の比 $\Delta L/L$ である。

材料に一定の応力を加えたとき、軟らかい材料では ε（$\Delta L/L$）が大きくなるから、G は小さな数値になる。一方、硬い材料は、同じ応力を加えてもあまり伸びないので、ε が小さく G は大きくなる。そのため、弾性率 G の値を使うことにより、材料の硬さや軟らかさを数値で示すことができる。

材料を一定の速度で引っ張るときに、発生する応力とひずみの関係をプロットした曲線が、図4.4の応力-ひずみ曲線（stress-strain curves, S-S曲線）である。S-S曲線から、材料の硬さ（弾性率）、強度、粘り強さなどの機械的性質を知ることができる。例としてあげたポリプロピレンと変性ポリフェニレンエーテル（変性PPE）の降伏点（極大応力）は、35 MPa と 62 MPa にそれぞれ存在し、変性PPE[*1] はポリプロピレンよりもかなり引張に強い材料であることがわかる。弾性率は、降伏点に達する前のS-S曲線の直線部分の傾きから、それぞれ 2450 MPa と 1500 MPa と求められ、ポリプロピレンは、変性PPEよりも軟らかく、より延性に優れた材料である。

高分子材料全般の応力-ひずみ曲線を、模式的に図4.5に示す。高分子材料には、ゴムのように非常に軟らかいものから、金属に匹敵する硬さとこれを凌駕する強度をもつスーパー繊維[*2] まで存在する。

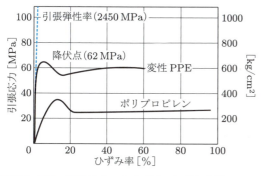

●図4.4● プラスチックの応力-ひずみ曲線
（変性PPEはSABICジャパンのノリル™のカタログより転載）

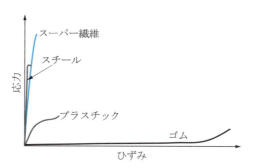

●図4.5● 高分子材料の応力-ひずみ曲線の模式図
（断面積あたり）

4.3 ゴムの弾性と金属の弾性

なぜ、高分子材料には、図4.5で見たようなスーパー繊維のように硬い材料から、ゴムのように軟らかい材料まであるのであろうか。この疑問を理解するには、弾性の原因を考える必要がある。

材料に加わるエネルギー（力と熱）がどこに使われるのであろうか。これに熱力学の考え方を適用してみよう。

図4.6に示すように、長さ L の材料に力 f を加

[*1] ポリフェニレンエーテルとポリスチレンの1：1からなるポリマーアロイ（5.2.5項を参照）。
[*2] 高強力繊維ともいい、弾性率、強度とも高分子材料として極限に迫った繊維。現在、芳香族ポリアミド、超分子量ポリエチレン、およびポリベンズオキサゾールからスーパー繊維が工業生産されている。

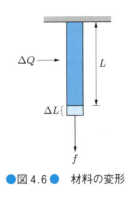

●図 4.6● 材料の変形

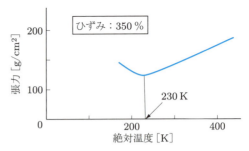

●図 4.7● 加硫（8％）ゴムの張力と温度との関係

えたとき，伸びが ΔL であったとする．このとき，外部から ΔQ の熱を吸収したとすると，この変化は式（4.2）の熱力学第1法則で表される．

$$dU = dW + dQ \tag{4.2}$$

ここで，U は内部エネルギー，W は仕事，Q は熱量である．すなわち，材料が外から受けた仕事 dW と熱量 dQ の合計が，材料の内部にエネルギー dU として蓄積される．このときの温度が T [K] であれば，材料のエントロピー S は，$dS = dQ/T$ だけ増加する．

したがって，

$$dU = f\,dL + T\,dS \tag{4.3}$$

となり，式（4.3）を温度一定下において長さ L で微分すると，式（4.4）が得られる．

$$f = \left(\frac{dU}{dL}\right)_T - T\left(\frac{dS}{dL}\right)_T \tag{4.4}$$

式（4.4）は，等温変化では，加えた力が材料の内部エネルギーの増加とエントロピーの減少のために使われることを示している．そこで，つぎに加硫ゴムの例で弾性をさらに考えてみる．

4.3.1 エントロピー弾性

マイヤー（Meyer）とフェリー（Ferry）は，8％加硫したゴム（輪ゴム）を350％引き伸ばし，それに発生する等温下での張力 f を種々の温度で測定し，図4.7 に示す実験結果を得た．

230 K（−43℃）以上では，このゴムに発生する張力と絶対温度との関係は原点を通る直線になるので，式（4.4）の第1項はゼロになり，加硫ゴムに発生する力は，式（4.5）で表される．

$$f = aT = -T\left(\frac{dS}{dL}\right)_T \tag{4.5}$$

ここで，a は正であるので，

$$\left(\frac{dS}{dL}\right)_T < 0 \tag{4.6}$$

となる．−43℃はこのゴムのガラス転移温度 T_g に相当するが，T_g 以上の温度では，ゴムに加えた力はもっぱらエントロピーの減少のために使われることになる．すなわち，式（4.6）から適度に加硫したゴムに加えた力は，図4.8 に示すように，屈曲したゴムの分子鎖を伸ばしてエントロピーを減少させるために使われていることがわかる．

●図 4.8● 加硫ゴムの伸長にともなう高分子鎖の変化（●：架橋点）［日本ゴム協会：『ゴム技術の基礎』，日本ゴム協会（2002）より転載］

ゴムの特徴は，表4.2 に示すように，その弾性率が非常に小さく軟らかいだけでなく，弾性限界が数百％に達するほど大きくよく伸びる点にある．これは，ゴムの弾性がエントロピー変化に起因するためであり，ゴム弾性はエントロピー弾性ともよばれる．

■表 4.2 ■　ゴムと金属の弾性の違い

物質	弾性率[MPa]	弾性限界[%]	弾性の原因
ゴム	1〜10	数百	エントロピー弾性
鋼鉄	10^5〜10^6	1	エネルギー弾性

4.3.2 エネルギー弾性

一方，金属のような結晶では，一定のひずみを保つのに必要な力 f は，温度に依存せず一定の値をとる．すなわち，式 (4.4) の第 2 項がゼロになるから，次式 (4.7) が成立し，加えた力はエントロピー項にはまったく使われず，もっぱら内部エネルギーの増加に用いられる．

$$f = b = \left(\frac{\mathrm{d}U}{\mathrm{d}L}\right)_T \tag{4.7}$$

そのため，金属のような結晶の示す弾性をエネルギー弾性という．この場合，加えた力は結晶を構成する原子間に直接加わるので，少し伸ばすにも大きな力を必要とするため，硬く（弾性率大），弾性限界は約 1 ％と小さいのが特徴である．

4.3.3 エントロピー項と内部エネルギー項の両方に寄与する場合

上記の加硫ゴムは，－43 ℃ 以下ではその様相を一変してゴム弾性を失う．すなわち，$f = aT + b$ で $a<0$, $b>0$ となる．傾きが負の直線になるから，加えた力は内部エネルギーの増加とエントロピーの増加との両方に使われていることが式 (4.4) からわかる．一般のプラスチックでは，これを構成する高分子鎖の運動状態は完全結晶ほど束縛されておらず，加えた力はエントロピー項と内部エネルギー項の両方に使われる．

4.4 高分子材料の変形挙動

高分子材料には，金属にはみられない特有の変形挙動がある．その代表的なものが，高分子材料を長期間使用し続けるときに発生する，応力緩和とクリープ現象である．これらを理解するために，粘弾性論の基礎を学習しよう．

4.4.1 粘弾性

一般に，高分子固体は弾性を示すが，これに加えて液体のように流れる性質（塑性）を合わせもっている．すなわち，高分子固体は粘弾性固体として取り扱う必要がある．応力が大きく高温になるほどこの性質は顕著に現れてくる．

一方，高分子融液や濃厚溶液は液体であるから粘性を示すのは当然であるが，その流動挙動は水のようなニュートンの粘性の法則に従う液体とは異なり，液体でありながら弾性を示す．このことは，生卵を攪拌したとき，白身（生体高分子）がばねのような挙動をとることからもわかる．このように，高分子物質は粘弾性固体あるいは弾性液体の挙動を示すので，その変形挙動は弾性と粘性

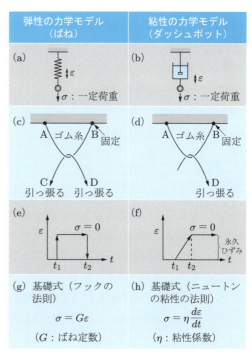

■表 4.3 ■　弾性と粘性の力学モデル（1 要素モデル）

を同時に考慮する粘弾性論を用いて記述する必要がある．

この考え方は，アメリカの物理化学者ビンガムが提唱した物体の流動と変形を広く扱うレオロジー（rheology）という学問分野であり，合成高分子材料の開発にともなって大きく発展した．

さて，弾性変形は，フックの法則で表され，そのモデルにばね（spring）が，粘性変形は，ニュートンの粘性の法則で記述され，モデルにはダッシュポット（dashpot，緩衝器）が，それぞれ表4.3に示すように使われる．そこで，物理で学んだ変形と流動の基本法則を復習しよう．

（a）フックの法則

弾性体の変形挙動は，応力 σ がある大きさを超えない範囲内で，式（4.8）のフックの法則で表すことができる．

$$\sigma = G\varepsilon \tag{4.8}$$

ここで，ε はひずみ，比例定数の G は弾性率である．

$\varepsilon = \sigma/G$ であるから，一定の応力下で発生するひずみ ε は，加えた応力と弾性率で決まる一定値をとり続けることがわかる．

（b）ニュートンの粘性の法則

一般の液体の流動挙動を記述するのに，式（4.9）のニュートンの粘性の法則が用いられる．

$$\sigma = \eta \frac{dv}{dy} = \eta \frac{d\varepsilon}{dt} \tag{4.9}$$

ここで，σ は液体に加わる応力，dv/dy は応力を加えたことにより生じる速度勾配で，ひずみ速度と同じになる．比例定数の η は粘性係数とよばれ，液体の粘り気を表す数値である．

式（4.9）の微分方程式を応力一定の条件下で解くと式（4.10）が得られ，ひずみが時間の経過につれて直線的に増加していくことがわかる．

$$\varepsilon = \frac{\sigma}{\eta} t \tag{4.10}$$

さて，高分子材料の変形挙動は，ばねを1種類のみ，またはダッシュポットを1種類のみでは表現できない．そこで，両者を組み合わせる必要がある．最も基礎的な2要素モデルが，マックスウェル模型とフォークト模型である．この二つのモデルは，次の項で詳しく述べる．

4.4.2 応力緩和

高分子材料を引っ張るか，圧縮するか，曲げるか，あるいはねじるかして，一定のひずみを与え続ける場合，このひずみを一定に保つのに必要な応力 σ は，初期ほど大きく，時間が経過するにつれて徐々に小さくなる．このような，応力が時間の経過につれて減少する現象を，応力緩和（stress relaxation）といい，これを説明する最も簡単な力学モデルが，図4.9に示すように，ばねとダッシュポットを直列につないだマックスウェル模型（Maxwell model）である．全体のひずみはばねとダッシュポットで発生するひずみの和であるから，

$$\varepsilon = \varepsilon_1 + \varepsilon_2 \tag{4.11}$$

となり，両辺を t で微分すると，

$$\frac{d\varepsilon}{dt} = \frac{d\varepsilon_1}{dt} + \frac{d\varepsilon_2}{dt} = \frac{1}{G}\frac{d\sigma}{dt} + \frac{\sigma}{\eta} \tag{4.12}$$

となる．この式（4.12）をマックスウェルの基本方程式という．この微分方程式は3変数なので，このままでは解けない．そこで，ひずみ ε を一定にすると，$d\varepsilon/dt = 0$ となるから，式（4.13）の

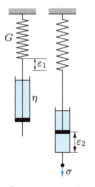

● 図4.9 ● マックスウェル模型

ような変数分離型にすることができる．

$$\frac{G}{\eta}dt = -\frac{1}{\sigma}d\sigma \tag{4.13}$$

両辺を積分にすると，つぎのようになる．

$$\frac{G}{\eta}t = -\log\sigma + c$$

積分定数 c の値は，初期条件（$t=0$ のとき $\sigma=\sigma_0$）を入れると，$c=\log\sigma_0$ となるから，

$$\sigma = \sigma_0 e^{-\frac{G}{\eta}t} \tag{4.14}$$

となる．

マックスウェル模型は，式（4.14）およびこれを図示した図 4.10 が示すように，応力 σ が時間の経過にともない指数関数的に減少することを示している．実例として，ポリカーボネート（PC）の応力緩和曲線を，図 4.11 に示す．

PC の 2.0 時間後の応力は，20℃で初期応力の 90%，80℃で 80%に緩和されており，100℃以上では応力緩和はさらに顕著になる．なお，材料の応力緩和の遅速を示す数値に，応力が初期応力の 1/e に達する時間が用いられる．これを**緩和時間** τ（relaxation time）といい，マックスウェル模型の粘性係数と弾性率の比で決まる．

緩和時間：$\tau = \dfrac{\eta}{G}$

応力緩和が問題になる一例に，プラスチックの成形品をねじで締め付けた際に，後でゆるんでくる現象があげられる．これは，応力緩和のためであり，増し締めが必要となる．パッキングやガスケットなどに高分子材料を使用する場合も，同様の注意が必要にる．

4.4.3 クリープ現象

金属に一定の応力を加えると，それに応じたひずみが瞬時に発生し，そのひずみは一定に保ち続けられる．これが，弾性固体の変形挙動である．ところが，プラスチックなどの高分子材料に一定の応力を加えた場合に発生するひずみは，時間とともに徐々にじわじわと増加してくる．この固体のゆっくりとした変形挙動は**クリープ**（creep）**現象**とよばれ，これを説明する力学モデルが**フォークト模型**（Voigt model）である．これは，ばねとダッシュポットを並列につないだモデルで，自動車のサスペンションに似ている（図 4.12 参照）．

このモデルに応力 σ を加えると，σ は並列であるから，σ_1 と σ_2 に分かれてばねとダッシュポットに力が加わるので，ばねの弾性率を G，ダッシ

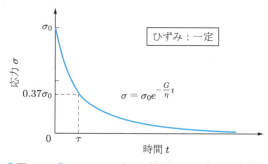

●図 4.10● マックスウェル模型による応力緩和曲線

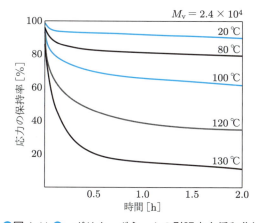

●図 4.11● ポリカーボネートの引張応力緩和曲線
初荷重 9.8 MPa，ただし，120℃，130℃の場合は 4.9 MPa ［三菱エンジニアリングプラスチックス㈱：『ユーピロン，ノバレックス 技術資料 物性編』より転載］

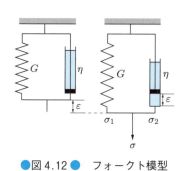

●図 4.12● フォークト模型

ュポットの粘性係数をηとすると，次式が成立する．

$$\sigma = \sigma_1 + \sigma_2, \quad \sigma_1 = G\varepsilon, \quad \sigma_2 = \eta \frac{d\varepsilon}{dt}$$

$$\sigma = G\varepsilon + \eta \frac{d\varepsilon}{dt} \tag{4.15}$$

フォークト模型の基本方程式である式（4.15）は3変数なので，このままでは解けない．そこで，一定の応力σ_0をこのモデルに加えた場合を考えると，式（4.16）のように変数分離型になるので，この微分方程式を容易に解くことができる．

$$\sigma_0 - G\varepsilon = \eta \frac{d\varepsilon}{dt}$$

$$\frac{1}{\eta} dt = \frac{1}{\sigma_0 - G\varepsilon} d\varepsilon \tag{4.16}$$

$$\int \frac{1}{\eta} dt = \int \frac{1}{\sigma_0 - G\varepsilon} d\varepsilon + c$$

$$\frac{t}{\eta} = -\frac{1}{G} \log(\sigma_0 - G\varepsilon) + c \tag{4.17}$$

式（4.17）の積分定数cは，初期条件（$t=0$のとき$\varepsilon=0$）から決まるので，式（4.18）が得られる．

$$c = \frac{1}{G} \log \sigma_0$$

$$\log\left(1 - \frac{G\varepsilon}{\sigma_0}\right) = -\frac{G}{\eta} t \tag{4.18}$$

$$\varepsilon = \frac{\sigma_0}{G}\left(1 - e^{-\frac{G}{\eta}t}\right) \tag{4.19}$$

式（4.19）のひずみと時間の関係は，図4.13に示すように，ひずみは時間とともに増大して，十分時間をかけると，ある一定値σ_0/Gに達する．このクリープ現象の遅速を表すのに，式（4.20）で定義される遅延時間λが用いられる．

$$\text{遅延時間}: \lambda = \frac{\eta}{G} \tag{4.20}$$

これを式（4.19）に代入すると，

$$\varepsilon = \frac{\sigma_0}{G}\left(1 - \frac{1}{e}\right) \fallingdotseq 0.63 \frac{\sigma_0}{G}$$

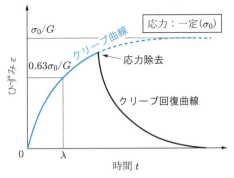

●図4.13● フォークト模型によるクリープ曲線とクリープ回復曲線

となるから，遅延時間はひずみが最終到達ひずみσ_0/Gの$1/e$（約0.632）に達する時間である．

さて，フォークト模型で材料に加えた応力を除去すると，ひずみはどのように戻ってくるであろうか．式（4.15）で$\sigma=0$とおけば，式（4.21）が誘導され，これを図示したものがクリープ回復曲線である．ε'は，応力を除去する寸前のひずみである．

$$\varepsilon = \varepsilon' e^{-\frac{G}{\eta} t} \tag{4.21}$$

図4.14に，フォークト模型で，一定荷重の値（$\sigma=30\,\text{Pa}$）と粘性係数ηの値（$\eta=500\,\text{Pa·s}$）を固定し（一定値とし），ばね定数の値を変化させたとき（$G=15\,\text{Pa}, 25\,\text{Pa}, 50\,\text{Pa}, 100\,\text{Pa}$）のクリープ曲線と，時刻$t=300\,\text{s}$で一定荷重を除去した（つまり，$\sigma=0$とした）ときのクリープ回復曲線をそれぞれ示す．

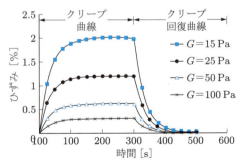

●図4.14● ばね定数を変化させたときのクリープ曲線とクリープ回復曲線

一方，高荷重下 13.8 MPa（140 kg/cm²）での各種プラスチックの 23℃でのクリープ曲線を図 4.15 に示す．ABS 樹脂は，耐衝撃性に優れているが，クリープ現象が大きく現れるので，荷重のかかる部位への使用に適さない．同じく，耐衝撃性に優れたことで知られるポリカーボネート（PC）は，クリープ特性に優れた高性能プラスチックである．

クリープ現象が問題になる例として，ローラーの材料があげられる．これに耐クリープ性の悪い高分子材料を使用すると，負荷状態が長い接地点は平坦になり，滑らかな回転運動ができなくなる．このため，耐クリープ性のよい高分子材料の選定が求められる．

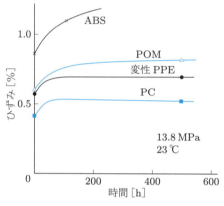

●図 4.15● 各種プラスチックのクリープ曲線
ABS：アクリロニトリル・ブタジエン・スチレン共重合体
POM：ポリオキシメチレン（アセタールコポリマー）
PC：ポリカーボネート，変性 PPE：PPE+PS
［三菱エンジニアリングプラスチックス㈱：『ユーピロン、ノバレックス 技術資料 物性編』より転載］

4.4.4 瞬間弾性と永久ひずみ（3 要素モデル）

図 4.15 に示した高荷重下での各種プラスチックのクリープ曲線を見ると，応力を加えた瞬間にひずみが発生している．これは，瞬間弾性であり，図 4.14 のようなフォークト模型のクリープ曲線では表現できない．そこで，瞬間弾性をクリープ現象に加えた変形挙動を記述するのに，ばねとフォークト模型を直列につないだ 3 要素モデルが使われる（図 4.16 参照）．このモデル全体のひずみ ε は，フォークト模型に発生するひずみ ε_1 とばねのひずみ ε_2 の和になるので式 (4.22) となり，これを図示したものが図 4.17 である．

$$\varepsilon = \frac{\sigma_0}{G_1}\left(1 - e^{-\frac{G_1}{\eta_1}t}\right) + \frac{\sigma_0}{G_2} \quad (4.22)$$

瞬間弾性の値は，ばねによるひずみ ε_2 で一定値 σ_0/G_2 である．

この 3 要素モデルを用いることにより，図 4.15 に示されているプラスチックの瞬間弾性を含めた変形挙動を表現することができる．なお，この 3 要素モデルで $t = t_1$ で応力を除去すると，ひずみは図 4.17 に示すように，2 段階で回復する．つまり，最初 $t = t_1$ でばね G_2 のひずみは瞬間的に消失し（ε_2 だけ縮み），その後クリープ回復 ε は，次式に示すような曲線となる．

$$\varepsilon = \frac{\sigma_0}{G_1} e^{-\frac{G_1}{\eta_1}(t-t_1)} \quad (4.23)$$

一方，材料に，大きな荷重を加え続けた場合，荷重を除去してもひずみはゼロに戻らない．この

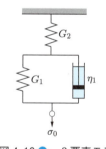

●図 4.16● 3 要素モデル

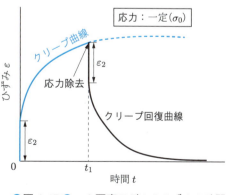

●図 4.17● 3 要素モデルのひずみの時間変化

際に，材料に残るひずみを永久ひずみといい，とくに，高分子材料では現れやすい．

永久ひずみは，ダッシュポットで説明できる．

例題4.2の3要素モデルは，クリープ現象と永久ひずみの両方を表現するのに使われる（図4.18）．

例題 4.2 つぎの図4.18に示す3要素モデルについて，以下の設問に答えよ．

(1) 一定の応力 σ_0 を加えたときのひずみの時間変化を求めよ．ただし，$t=0$ のときのひずみはゼロとする．
(2) ある時刻 t_1 で応力を除去したときのひずみの時間変化を示す式を導け．
(3) 設問 (1) と (2) から導かれたひずみの時間変化の概略図を示せ．

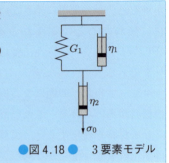

● 図 4.18 ●　3要素モデル

解答 (1) このモデルで発生する全体のひずみ ε は，フォークト模型とダッシュポットで発生するひずみの和になるから，次のようになる．

$$\varepsilon = \frac{\sigma_0}{G_1}\left(1 - e^{-\frac{G_1}{\eta_1}t}\right) + \frac{\sigma_0}{\eta_2}t$$

(2) $t = t_1$ で応力を除去すると，全体のひずみは，時刻 t_1 までに η_2 のダッシュポットで発生したひずみの値（永久ひずみ ε_∞）までクリープ回復曲線に従って戻る．

$$\varepsilon = \varepsilon_1 e^{-\frac{G_1}{\eta_1}(t-t_1)} + \varepsilon_\infty$$

（ε_1：時刻 t_1 までに発生した全体のひずみ）

$$\varepsilon_\infty = \frac{\sigma_0}{\eta_2}t_1$$

(3) 図4.19のようになる．

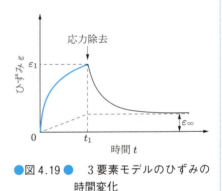

● 図 4.19 ●　3要素モデルのひずみの時間変化

4.4.5　4要素モデル

高分子材料に一定の応力を加え続けていると，永久ひずみ ε_∞ が生じることを前項で述べた．クリープ現象と瞬間弾性に加えて，永久ひずみを説明するには，図4.20の4要素モデルが使用される．

これは，マックスウェル模型とフォークト模型を直列につないだモデルにほかならないので，このモデルに一定の応力 σ_0 を加えたときに生じる全体のひずみ ε は，式 (4.24) で表される．

$$\varepsilon = \frac{\sigma_0}{G_1} + \frac{\sigma_0}{\eta_1}t + \frac{\sigma_0}{G_2}\left(1 - e^{-\frac{G_2}{\eta_2}t}\right) \quad (4.24)$$

右辺第2項は，ダッシュポットに基づく永久ひずみ ε_∞ で，時間に比例する値になる．

4要素モデルに一定の応力を加えた場合のひずみの時間変化を図4.21に，示す．時間0，すなわち応力を加えた瞬間に，G_1 の弾性率のばねに発生するひずみ ε_1 だけ，4要素モデルは伸びる．

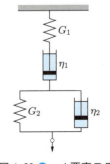

● 図 4.20 ●　4要素モデル

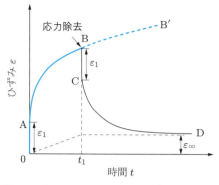

●図 4.21● 4要素モデルのひずみの時間変化

この ε_1 を瞬間弾性という．つぎに，ひずみは，点 A から点 B′ に向けてゆっくりと進行し続ける．いま，ある時間 t_1 で応力を除去すると，ひずみは，点 B から点 C へ ε_1 だけ瞬間的に回復する．つぎに，点 C から点 D に向けてひずみは徐々に回復していくが，η_1 の粘性係数のダッシュポットに時間 t_1 までに発生したひずみ ε_∞ は回復しない．この ε_∞ が永久ひずみである．

なお，点 C→D へのクリープ回復曲線は次式となる．

$$\varepsilon = \frac{\sigma_0}{\eta_1}t_1 + \frac{\sigma_0}{G_2}e^{-\frac{G_2}{\eta_2}(t-t_1)} \tag{4.25}$$

4.4.6 動的粘弾性

高分子材料の力学的特長は，応力緩和（図 4.10）とクリープ現象（図 4.13）にあった．前者は，高分子材料に一定のひずみを保つのに必要な応力が時間とともに徐々に減衰する現象で，後者は，一定の応力を材料に加えたとき，ひずみがじわじわと発生する現象である．これらは，一定条件下での高分子材料の静的な粘弾性挙動である．

しかし，実際に材料に加わる応力やひずみは，常に一定とは限らない．たとえば，図 4.22 に示すように走行中に自動車のタイヤが路面から受ける力は，一定ではなく常に振動している．本項で扱う動的粘弾性では，時間によって変化するひずみまたは応力を高分子材料に与えた場合の，変形挙動を取り扱う．すなわち，試料を引っ張ったり

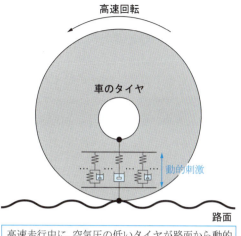

●図 4.22● 車のタイヤ（ゴム）の動的な粘弾性的性質

押したりという操作を，周期的な振動によって行わせて，内部の状態を間接的に知ろうとする手法が動的粘弾性である．

いま，高分子材料に式（4.26）で表されるサインカーブで変化する周期的なひずみを与えたとする．一定角周波数 ω での振幅でのひずみと応力の振幅を ε_0, σ_0 とすると，この周期的なひずみ ε によって材料に発生する応力 σ は，式（4.27）に示すように，各周波数は同じで位相が δ だけ遅れて現れる．

$$\varepsilon = \varepsilon_0 \sin \omega t \tag{4.26}$$

$$\sigma = \sigma_0 \sin(\omega t + \delta)$$
$$= \sigma_0 \sin \omega t \cos \delta + \sigma_0 \cos \omega t \sin \delta \tag{4.27}$$

ここで，式（4.27）の右辺第 1 項はひずみと同位相で現れる応力であり，第 2 項はひずみと位相が 90°ずれて現れる応力である．応力は，ひずみと弾性率の積であるから，各項の応力を式（4.28）のように書き表すことができる．

$$\sigma = G'\varepsilon_0 \sin \omega t + G''\varepsilon_0 \cos \omega t \qquad (4.28)$$

ここで，G' を動的貯蔵弾性率，G'' を動的損失弾性率という．

無定形系高分子の G' と G'' のひずみの周波数との関係を，図 4.23 に示す．これから高分子材料の動的貯蔵弾性率 G' は，ひずみの振動の影響を強く受けるので，高分子材料はひずみの周波数が低いほど軟らかく，周波数が高くなるほど硬くなる．これは，自動車が高速走行するほどにタイヤのゴムが硬くなる現象に見られる．一方，G'' は，熱となり内部に蓄積されるエネルギーの尺度となる．G'' の極大値からガラス転移温度など高分子材料の内部の知見を知ることができる．詳細は参考文献第 4 章 4），5）などを参照されたい．

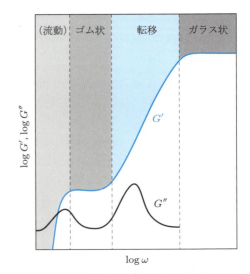

● 図 4.23 ● 無定形高分子の動的弾性率の周波数依存性［堤直人，坂井亙：『基礎高分子科学』，サイエンス社（2010）より転載］

Coffee Break

高分子材料が動的刺激を受けると？

高分子材料は，衣類をかけるハンガーのように一定荷重ばかりでなく，車のタイヤのように，振動などの動的刺激を受けることが多い．動的刺激を受けると，レオロジー的にどのように変化していくのだろうか．

高分子材料は粘弾性体であり，モデルを簡単にするために，ばねとダッシュポットが直列に連結したマックスウェル模型で考えよう．ダッシュポットを，図 4.24 のように，「風呂」と「かき混ぜ棒」で代用し，かき混ぜ棒 A の柄の部分には，ばね B が取り付けられているとする．ただし，このようなかき混ぜ棒は，現実には存在しない．かき混ぜ棒 A を手で握って板 C で風呂の湯をかき混ぜる際，図（a）の場合のようにゆっくり上下させてかき混ぜると，手の動き A の上下運動に追従して，ばね B や板 C もゆっくり上下するだろう．

ところが，図（b）の場合のように，かき混ぜる速度を増していくと，つまり，時間あたりの上下運動の回数を多くしていくと，ばね B のみが手の動き A に追従して伸び縮みし，湯の中の板 C はほとんど上下しなくなるだろう．その結果，風呂の湯をかき混ぜることができなくなるだろう．このように，動的刺激が激しくなると，ダッシュポットのはたらき（粘性の性質）は徐々に消失していく．

通常の高分子材料は，急激な外力に対しては弾性体として挙動し，逆にゆっくりした外力に対しては，粘性体として挙動する．薬の入ったフィルム状の袋を引っ張って切ろうとするとき，ゆっくり引っ張ると伸びて切りにくいが，急激に引っ張ると，あまり伸びないまま切れてしまった経験があるだろう．

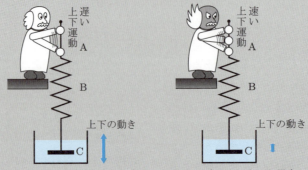

● 図 4.24 ● 風呂の湯をかき混ぜる速度とかき混ぜ板の上下運動

演・習・問・題・4

4.1
ゴムの弾性について，金属の弾性と異なる点をあげて説明せよ．

4.2
フックの法則が成立するとして，長さ 150 cm, 断面の直径が 0.220 cm の (1) 鋼鉄線と (2) ゴムひもに，それぞれ 200 g のおもりを吊るした．このときの (1) と (2) に発生する伸びを有効数字 3 桁まで計算せよ．ただし，鋼鉄線のヤング率は 2.00×10^{12} dyn/cm^2，ゴムひものそれは 1.00×10^{7} dyn/cm^2 である．重力加速度は 981 cm/s^2 とする．なお，単位に十分注意すること．

4.3
マックスウェル模型に一定の応力 σ_0 を加えたとき，発生するひずみ ε に関する次の設問に答えよ（図 4.25 参照）．

(1) 発生する ε は時間とともにどのように変化するか．マックスウェル模型の基礎式を立て，ε と時間の関係を求めよ．ただし，ばねの弾性率を G，ダッシュポットの粘性係数を η とする．

(2) 時刻 t_1 で応力を加えたとき，設問 (1) の関係を図示せよ．

(3) 時刻 t_2 で応力を除去したとき，ε はどのように戻るかを図示せよ．

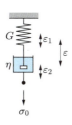

●図 4.25● マックスウェル模型

4.4
つぎの 3 要素モデルについて，以下の設問に答えよ（図 4.26 参照）．

(1) このモデルの下端に，一定応力 σ_0 がはたらいた．このときのひずみ ε の時間変化を導け．ただし，微分方程式を解く際に必要な初期条件は以下のとおりとする．ε_0 は瞬間弾性である．

$$t=0 \text{ で}, \quad \varepsilon_0 = \frac{\sigma_0}{G_1+G_2}$$

(2) $t=t_1$ で，$\sigma_0=0$ とした．このときのひずみ ε の時間変化を導け．ただし，

$$t=t_1 \text{ のとき}, \quad \varepsilon = \frac{\sigma_0}{G_1}$$

とする．

(3) $\sigma_0=30$ N/m^2, $G_1=15$ N/m^2, $G_2=15$ N/m^2, $\eta_2=500$ Ns/m^2, $t_1=300$ s として，ε の時間変化をグラフに示せ．

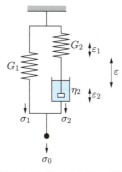

●図 4.26● 3 要素モデル

第5章
高性能高分子材料

本章では，現代の先端産業を支える高性能な樹脂であるエンジニアリングプラスチックから導入し，ついでエレクトロニクスや宇宙航空分野などで活躍するスーパーエンジニアリングプラスチック，さらに極めて高い強度と弾性率をもつスーパー繊維を取り上げる．

各節では，材料ごとに，まず分子構造と物性を述べ，ついで用途，合成法，製造法の順で説明していく．

KEY WORD

| エンジニアリングプラスチック | スーパーエンプラ | 耐熱性高分子 | ポリイミド | 高分子結晶 |
| 高強度高分子 | スーパー繊維 | 芳香族ポリアミド | ポリアリレート | 複素環状高分子 |

5.1 プラスチック

プラスチック（plastics）という用語は，その性質が塑性（plasticity）に富んでいることに由来しており，直訳すると可塑性物質になる．また，松脂のような樹脂に外観が似ているので，合成樹脂（synthetic resin）ともよばれる．たとえば，ポリ塩化ビニルを塩化ビニル樹脂とよぶのはこのためである．

多くのプラスチックは，100〜250℃に加熱すると比較的小さな力で塑性変形する．この性質を用いて，プラスチックの成形（射出成形，押出成形，圧縮成形など）が行われ，種々の形態をもつプラスチック製品が作られる．プラスチックは，軽く，さびない利点をもつだけでなく，金属よりはるかに成形しやすいことが，今日のプラスチックの時代をもたらしている．

図5.1は，プラスチックの価格の対数を横軸に，長期耐熱性を縦軸にとり，代表的な製品を描画したものである．この図から，四つのグループに分類できることがわかる．各グループは，汎用プラスチック，エンジニアリングプラスチック（engineering plastics，以下，エンプラと略記する），スーパーエンプラ，ならびにウルトラスーパーエンプラ（耐熱性高分子，高強度高分子）とよばれている．

汎用プラスチックの価格は，1 kgあたり150円前後と安価であり，おもに日用品に使われる．しかし，汎用プラスチックは，一般に100℃以上では使用できない．

これに対し，100℃以上の温度で使用することができ，ものによっては約150℃まで長時間使用可能な樹脂がエンプラである．エンプラは，耐熱性に加えて引張強度が50 MPa（510 kg/cm^2）以

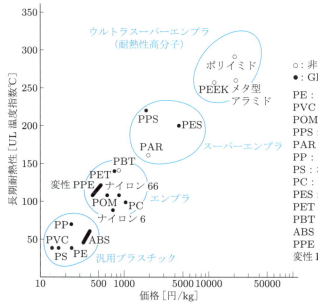

●図5.1● プラスチックの価格と性能による分類［和田茂：高分子学会予稿集，38(No.1)，77 (1989) より転載］

上，曲げ弾性率が2400 MPa以上と機械的性質に優れている．エンプラは，性能と価格（400〜700円/kg）とのバランスがとれた材料であるため，携帯電話，カメラ，各種オーディオ製品，自動車のエンジンルーム内などの部材に用いられる．

エンプラよりさらに高い200℃前後で長期間使用可能なプラスチックがスーパーエンプラで，特殊エンプラともよばれる．ウルトラスーパーエンプラは，250℃を上回る温度で使用できる超高性能高分子である．このグループには，一般に耐熱性高分子とよばれるメタ形アラミドなどの芳香族ポリアミドやポリイミドなどの複素環状高分子が含まれ，単独で極めて高い熱安定性をもつ高分子である．

5.2 エンジニアリングプラスチック

エンジニアリングプラスチックは，「構造用および機械部材に適合していて，耐熱性が100℃以上の高性能樹脂」である．おもなユーザーは，自動車産業と電機産業であり，需要が増大している．本節では，ポリカーボネート，ポリアミド（ナイロン樹脂），ポリブチレンテレフタラート，ポリアセタール，および変性ポリフェニレンエーテルの5大エンプラについて，特性，用途，および合成法を解説する．

5.2.1 ポリカーボネート

ポリカーボネート（PC）は，ドイツのBayer社が1959年に商業生産を開始した非晶性のエンプラである[*1]．耐衝撃性，透明性，耐熱性，耐候性，耐クリープ性などのバランスがよいのが大きな特徴である（図5.2参照）．

●用途

PCは，保護メガネやヘルメットだけでなく，

---

*1 ポリカーボネートは酸成分が炭酸 H_2CO_3 のポリエステルで，つぎの一般式で表される．$\{Ar-O-\underset{\underset{O}{\|}}{C}-O\}_n$

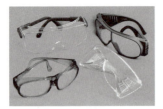

●図5.2● ポリカーボネート（PC）

（a）各種保護めがね
（耐衝撃性，透明性）

（b）電気工事用のヘルメット
（耐衝撃性，電気絶縁性）

●図5.3● ポリカーボネートの使用例

コンピュータや携帯電話などのハウジング材，CDやDVDなどの光ディスク材などに使われている．これらの需要に支えられ，PCはエンプラ中で最大の国内生産量（41万トン/年，2006年）をもっている．選手を守る野球のヘルメットはPCからできており，電気工事用のヘルメットには，ポリカーボネートの使用が義務づけられている（図5.3参照）．

PCは，五大エンプラの中でも最も優れたクリープ特性をもつため，高荷重下でも変形量が小さい（図4.15参照）．これを活かした用途に，高度の寸法精度が要求されるレンズ交換式カメラのボディやレンズのマウント部材への使用例があげられる．

●合成法

PCの市販品のほとんどは，塩基成分をビスフェノールAとするポリカーボネートAであり，単に，ポリカーボネートといえば，ポリカーボネートAをさす．PCの工業生産は，現在，ほとんどのメーカーにより，式（5.1）に示すホスゲン法で行われている．ホスゲンのカルボニル基は2個の塩素で引かれており，極めて反応性が高いため，室温で容易にフェノールのヒドロキシ基の攻撃を受けて短時間でポリカーボネートを生成する．この場合，反応温度を30℃以下に保つことより，30000以上の平均分子量をもつPCが得られる．

$$n\,HO{-}\bigcirc{-}\underset{CH_3}{\underset{|}{\overset{CH_3}{\overset{|}{C}}}}{-}\bigcirc{-}OH + n\,Cl{-}\underset{\underset{O}{\|}}{C}{-}Cl$$

ホスゲン

$$\xrightarrow[CH_2Cl_2/NaOHaq]{界面重縮合}$$

$$\left[\bigcirc{-}\underset{CH_3}{\underset{|}{\overset{CH_3}{\overset{|}{C}}}}{-}\bigcirc{-}O{-}\underset{\underset{O}{\|}}{C}{-}O\right]_n + (2n-1)HCl$$

(5.1)

近年，地球環境のクリーン化や，安全な製造法を確立する観点から，ホスゲンの代わりに炭酸のエステル（ジフェニルカーボネート）を反応原料に用いる，初期に採用されていたエステル交換法が見直されている．

5.2.2 ポリアセタール

ポリアセタール（polyacetal）[*2]には，ホルムアルデヒドの単独重合体と共重合体とがある．単独重合体は，アメリカのDu Pont社が十数年の歳月をかけて開発し，1960年に市販したデルリン®がある．共重合体のポリアセタールは，Celanese社により開発されたセルコン®が代表的商品であり，1962年より工業生産が行われている．日本では，同社と㈱ダイセルとの合弁会社であるポリプラスチックス㈱からジュラコン®が供給されている．一方，旭化成㈱は，ホモポリマーとコポリマ

[*2] アセタールの一般式　R—O—CH₂—O—R

```
単独重合体(ホモポリマー)        結晶化度 75～85%
  ─(CH₂─O)ₙ─               T_g=-60℃
                             T_m=178℃
商品名：デルリン®(DuPont)     密度 1.42 g/cm³
      テナック®(旭化成)       分解温度 235℃(DSC)
                             成形温度 200～210℃

共重合体(コポリマー)
 ─(CH₂─O─CH₂─O─CH₂─O)ₘ─(CH₂─CH₂─O)ₙ─   結晶化度 60～70%
              98%              2%         T_g=-60℃
                                          T_m=167℃
商品名：セルコン®(CelanesePlastics),      密度 1.41 g/cm³
      テナック-C®(旭化成),               分解温度 265℃(DSC)
      ユピタール®(三菱エンジニアリングプラスチックス),  成形温度 185～220℃
      ジュラコン®(ポリプラスチックス)
特性：高剛性，寸法精度，耐クリープ性，摺動特性
用途：ギヤ，カム，プーリー，ファスナーなど
```

● **図 5.4** ● ポリアセタール樹脂（ホモポリマーとコポリマー）

―の両方のポリアセタールを生産している世界で唯一の企業である．1991年における世界の需要は 36 万トンで，コポリマーが70%，ホモポリマーが30%である（図 5.4 参照）．

● **用途**

プラスチックのギヤは，ポリアセタールの代表的な用途であり，自己潤滑性をもつため油をさす必要がない優れものである．DVDやCDなどのオーディオ機器，オートフォーカスカメラ，複写機，プリンターなどの製品が，軽くてスムーズかつスピーディな動きを実現しているのは，金属（真鍮）ではなく，アセタール樹脂製のギヤを用いているからである（図 5.5 参照）．さらに，ホモポリマーは，結晶化度が75～85%と高いため，金属のような弾性（エネルギー弾性）に富み，プラスチックのばねといわれている．この特性を活かした用途として，安全ピンや化学実験で使用されているテーパージョイント用クリップがある．

● **合成法**
（a）ポリアセタール単独重合体

ポリアセタール単独重合体の合成には，モノマーにホルムアルデヒドを用いたアニオン重合が採用されている．重合は，触媒にトリブチルアミンを用いて低温で進行し，数分間で完結する．この場合，微量の水が，式（5.2）に示すように，共触媒としてはたらいている．

(1) 開始反応

$$(C_4H_9)_3N + H_2O \longrightarrow \left[\begin{array}{c} C_4H_9 \\ | \\ C_4H_9-N^+-H \\ | \\ C_4H_9 \end{array}\right] OH^- \quad (5.2)$$

$$\left[\begin{array}{c} Bu \\ | \\ Bu-N^+-H \\ | \\ Bu \end{array}\right] OH^- + H_2\overset{\delta^+}{C}=\overset{\delta^-}{O} \xrightarrow{\text{アニオン重合}}$$

$$HO-CH_2-O^- Bu_3N^+H \quad (5.3)$$

(2) 成長反応

$$HO-CH_2-O^- Bu_3N^+H + H_2C=O$$
$$\longrightarrow HO-CH_2-O-CH_2-O^- Bu_3N^+H \quad (5.4)$$

(3) 停止反応

$$HO\smallsetminus O\smallsetminus O\smallsetminus O\smallsetminus O\,\S\,O\smallsetminus O\smallsetminus O\smallsetminus O\smallsetminus O^- Bu_3N^+H$$

$$\longrightarrow HO\smallsetminus O\smallsetminus O\smallsetminus O\smallsetminus O\,\S\,O\smallsetminus O\smallsetminus O\smallsetminus O\smallsetminus OH$$
$$+ Bu_3N \quad (5.5)$$

Bu：$C_4H_9^-$

(a) プラスチックのギヤ：デルリン®
（提供：デュポン(株)）

(b) プリンター駆動部のギヤ：ジュラコン®
（提供：ポリプラスチックス(株)）

● **図 5.5** ● ポリアセタールの製品

重合したままのアセタールホモポリマーは，約140℃に加熱すると，式(5.6)に示すように，末端のヒドロキシ基と一つ手前のエーテル結合とが反応してホルムアルデヒドを脱離する解重合が起こるため，このままでは成形できない．そこで，この解重合を抑えるために，式(5.7)に示すように末端のヒドロキシ基を無水酢酸と反応させ，エステルに変えて安定化する技術をDu Pont社は考案した．この反応は，<u>エンドキャッピング</u>とよばれる．

(1) 解重合（100℃以上，約140℃）

(2) 末端の安定化

エンドキャップされたアセタールホモポリマーは，約230℃まで安定であり，成形を200～210℃で行うことができる．

(b) ポリアセタール共重合体

アセタールコポリマー[*3]は，ホルムアルデヒドの3量体であるトリオキサンと約2％のエチレンオキシドとの開環共重合反応により製造される．

触媒に三フッ化ホウ素（BF_3），共触媒に微量の水が用いられ，重合は，式(5.8)～(5.11)に示すカチオン重合のメカニズムで進行する．

(1) 開始反応

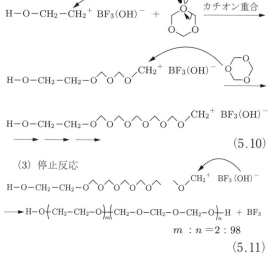

(2) 成長反応

(3) 停止反応

アセタールコポリマーの末端の安定化は，重合後に熱処理を行うだけで達成される．これにより，末端にあるヒドロキシメチル基は，隣接するエーテル結合と反応して除去され，両末端がヒドロキシエチル基となり，このヒドロキシ基は立体的にエーテル結合と反応できなくなる．

5.2.3 ナイロン樹脂（脂肪族ポリアミド）

ナイロン[*4]は，Du Pont社が．1938年に工業生産を開始した合成繊維の商品名であった．そのナイロンを構成しているポリヘキサメチレンアジ

[*3] 2種類以上のモノマーから合成されるポリマーを，共重合体（コポリマー）という．
[*4] ナイロンは，脂肪族ポリアミドの一般名になっており，つぎの2種類のナイロン名がある．
（1）ナイロンMN：Mはジアミンの炭素数，Nはジカルボン酸の炭素数．
（2）ナイロンX：Xはラクタムまたはアミノ酸の炭素数．

パミドという化学名のポリアミドは，繊維としてだけでなく，エンプラとして有用であり，年間27万トン（2006年）のナイロン樹脂が日本で生産されている．

現在，エンプラとして工業生産されているおもなナイロン樹脂は，図5.6の構造式で示すナイロン66（PA66），ナイロン6（PA6），ナイロン11（PA11），およびナイロン12（PA12）であり，このうち日本では，PA6の生産量が最も多く14万トン/年（52％），ついでPA66が10万トン/年（38％），PA11とPA12が1.4万トン（5％）などとなっている（2006年）．これらのポリマーは，主鎖にアミド結合をもっており，水素結合にもとづく分子間力が強くはたらくため，いずれも結晶性高分子である．

●図5.6● 各種ナイロン樹脂

● 用途

各種ナイロン樹脂の使用例を図5.7に，物性の比較を表5.1に，それぞれ示す．PA66は，ナイロン樹脂中で最も強度と剛性が高く，自動車のエンジンルーム内などにエンプラとしての用途が多い（図7.10, 7.12参照）．なお，PA66の強度は，アミド結合が存在するため，吸湿時に低下するので注意を要する．ポリアミドは，一般に吸水性で約3％の水分を吸着する性質がある．したがって，構造単位中のアミド基の割合が少ないPA11とPA12は，低吸水性であり，耐寒性や柔軟性にも優れているという特長を活かして，チューブやホースなどに用いられる．

● 合成法

（a）PA66

ポリアミドは，式（5.12）に示す重縮合反応で合成されるので，モノマーのジカルボン酸とジアミンを正確に等モル[*5]を用いることにより，高重合度のポリマーが得られる．

(a) サッカーシューズのスパイクはPA12，底はPA12とポリウレタン
（提供：アシックスジャパン（株））

(b) チェーンソウのボディとハンドルはガラス繊維強化PA6（提供：（株）やまびこ）

●図5.7● ナイロン樹脂の使用例

■表5.1■ 各種ナイロン樹脂の物性

性質	PA66	PA6	PA11	PA12
密度 [g/cm³]	1.14	1.13	1.04	1.02
引張強度 [MPa]	78	73	54	49
引張伸度 [％]	60	200	330	350
曲げ強度 [MPa]	127	123	68	73
アイゾット衝撃強さ [J/m]，ノッチ付	39	55	39	40～60
荷重たわみ温度 [℃]	70	63	50～60	50～60
耐寒温度 [℃]	0～-15	-10～-25	-60	-70
吸水率 [％] 50％ RH, 23℃	3.8	4.4	1.05	0.95

[*5] 酸成分と塩基成分のモル数を，それぞれ N_A, N_B, その比 N_A/N_B を r とすると，重合度 $\overline{P}_n$ は次式で与えられる．ただし，反応度が1のときである．
$$\overline{P}_n = \frac{1+r}{1-r}$$

$$n\,H_2N(CH_2)_6NH_2 + n\,HOOC(CH_2)_4COOH$$

$$\xrightarrow[\text{中和反応}]{\text{室温}} n\begin{bmatrix} H_3N^+-CH_2(CH_2)_4CH_2-NH_3^+ \\ {}^-OOC(CH_2)_4COO^- \end{bmatrix}$$

ナイロン塩(mp：183〜184℃)

$$\xrightleftharpoons[K=300〜370]{\text{加熱(200℃以上)}} \{(CH_2)_6NHCO(CH_2)_4CONH\}_n$$

ナイロン66(PA66)

$$+ (2n-1)H_2O \qquad (5.12)$$

工業的には，アジピン酸の水溶液にヘキサメチレンジアミンの水溶液を徐々に加え，中和点でのpHジャンピングが起こるところで後者の水溶液の添加を止めることにより，1：1のナイロン塩を得ている(図5.8参照)．これを濃縮後，昇圧，制圧，および放圧の3段階を経る回分式重合装置でナイロン66（PA66）が製造される(図5.9参照)．

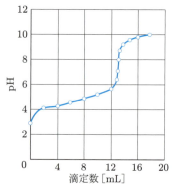

●図5.8● ヘキサメチレンジアミンによるアジピン酸の滴定曲線［小林治男：『ポリアミド樹脂』，誠文堂新光社（1961）より転載］

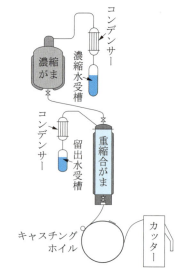

●図5.9● ナイロン66の製造装置［緒方直哉：『重縮合』，化学同人（1971）より転載］

$$H_2\overline{O}H + \underset{\varepsilon\text{-カプロラクタム}}{\begin{array}{c}CH_2-C=O\\|\ \ \ \ \ \ \ \ \ \ |\\CH_2\ \ \ \ \ \ NH\\|\ \ \ \ \ \ \ \ \ \ |\\CH_2\ \ \ \ \ \ CH_2\\ \ \ \ \ CH_2-CH_2\end{array}} \xrightarrow{260℃} HOOC(CH_2)_5NH_2 \qquad (5.13)$$

$$HOOC(CH_2)_5\overline{N}H_2 + \underset{\varepsilon\text{-CL}}{\begin{array}{c}CH_2-C=O\\|\ \ \ \ \ \ \ \ \ \ |\\CH_2\ \ \ \ \ \ NH\\|\ \ \ \ \ \ \ \ \ \ |\\CH_2\ \ \ \ \ \ CH_2\\ \ \ \ \ CH_2-CH_2\end{array}}$$

$$\longrightarrow \longrightarrow \longrightarrow \{(CH_2)_5CONH\}_n$$

ナイロン6(PA6) (5.14)

(b) PA6

ナイロン6（PA6）は，ε-カプロラクタム（ε-CL）の開環重合で製造される．式（5.13）に示すように，微量の水が重合を開始するはたらきをしており，水との反応で得られたアミノ酸のアミノ基がε-カプロラクタムのカルボニル基を攻撃して，アミド結合が逐次的に形成されポリアミドとなる（式（5.14）参照）．したがって，ε-CLは，完全な乾燥状態では重合しない．

なお，PA11とPA12も，PA6と同様に対応するラクタムの開環重合で合成される．

5.2.4 ポリブチレンテレフタラート

ポリブチレンテレフタラート（PBT）は，1970年にアメリカのCelanese社により工業生産が開始したエンジニアリングプラスチックである（図5.10参照）．

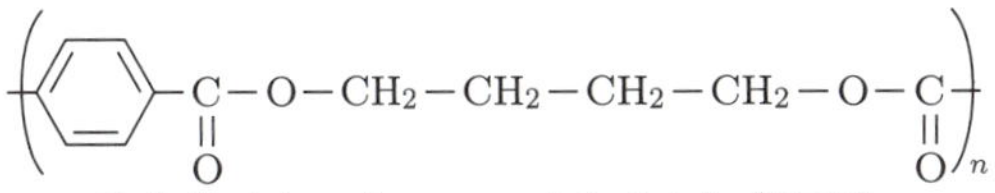

$$\left(\begin{array}{c}\end{array}-\underset{\|}{\text{C}}-\text{O}-\text{CH}_2-\text{CH}_2-\text{CH}_2-\text{CH}_2-\text{O}-\underset{\|}{\text{C}}-\right)_n$$
$$\text{O}\text{O}$$

Poly(1,4-butylene terephthalate), (PBT)

結晶化度：30～45%，密度：1.31 g/cm^3
T_g=40～60℃，T_m=225～228℃
特性：成形性，電気絶縁性，耐候性，耐熱性が良好
用途：自動車のエンジンルーム内の各種コネクター

●図5.10● ポリブチレンテレフタラート（PBT）

●用途

ポリエチレンテレフタラート（PET）が，繊維のほかにはボトルとして使用されるのが主であるのに対し，PBTはもっぱら成形用樹脂として使われる．その理由は，成形温度での結晶化速度にある．すなわち，PETは，エステル結合間のメチレン基の数が2個と少なく，分子鎖の移動性が小さいため，金型内で冷却され，融液が固化する間に結晶化が起こらない．そのため，PETボトルのような非晶質で軟らかい製品に用途が限定される．一方，塩基成分の炭素数がPETより2個多いPBTは，金型内で結晶化し，その速度も速いので，成形サイクルを短くできる．そのうえ，融点もPETよりも約40℃低く，成形性が優れている．

PBTの引張強度（54 MPa），曲げ強度（85 MPa）などの力学的性質は，エンプラの中では低い．しかし，長期耐熱性は良好で，120～140℃で連続使用ができ，広い温度範囲で電気特性が優れることから，自動車のエンジンルーム内のハーネスのコネクターなどの部品，ボビンやコイルケースなどの電気分野に多く使用されている（図5.11参照）．

●図5.11● PBT製コネクター（提供：東レ㈱）

●合成法

（a）エステル交換法

エステル交換法は，精製の容易なジメチルテレフタレート（DMT）をエステル成分に用いる製造法である（式（5.15）参照）．塩基成分に1,4-ブタンジオールを過剰に用い，これとDMTとのエステル交換反応により，ビス（δ-ヒドロキシブチル）テレフタラート（BHBT）を最初に合成する（第1段エステル交換）．ついで，生成したBHBTどうしのエステル交換反応により，ポリエステルが得られる（第2段エステル交換反応）．

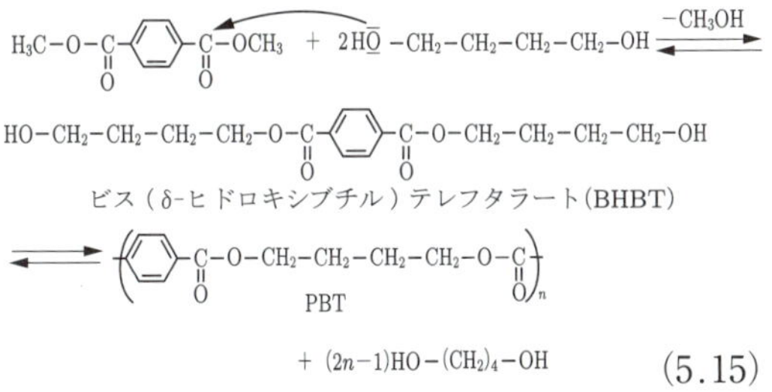

$$\text{H}_3\text{C-O-}\underset{\|}{\text{C}}--\underset{\|}{\text{C}}-\text{OCH}_3 + 2\text{HO-CH}_2-\text{CH}_2-\text{CH}_2-\text{CH}_2-\text{OH} \xrightleftharpoons{-\text{CH}_3\text{OH}}$$

HO-CH$_2$-CH$_2$-CH$_2$-CH$_2$-O-C-〈 〉-C-O-CH$_2$-CH$_2$-CH$_2$-CH$_2$-OH
ビス（δ-ヒドロキシブチル）テレフタラート（BHBT）

$\rightleftharpoons$ (-C-〈 〉-C-O-CH$_2$-CH$_2$-CH$_2$-CH$_2$-O-)$_n$
PBT
+ (2n-1)HO-(CH$_2$)$_4$-OH (5.15)

エステル化反応の平衡定数は約1と小さく，生成側に有利でないので，反応系から副生する1,4-ブタンジオールを系外に除去することが高分子量化の決め手となる．

（b）直接重合法

直接重合法は，東レ㈱愛媛工場で，1973年に世界ではじめて開発された技術である．PETの製造における直重法と同様に，テレフタル酸の精密酸化と晶析により，重合に必要な高純度のテレフタル酸を一挙に得て，これと1,4-ブタンジオールとを直接重合する方法である（式（5.16）参照）．モノマーにDMTを使用しないので，有害なメタノールの発生がないという利点がある．また，DMTと高純度テレフタル酸の1 kgあたりの価格がほぼ同じことから，直接重合法は，エステル交換法より経済的にも有利である．

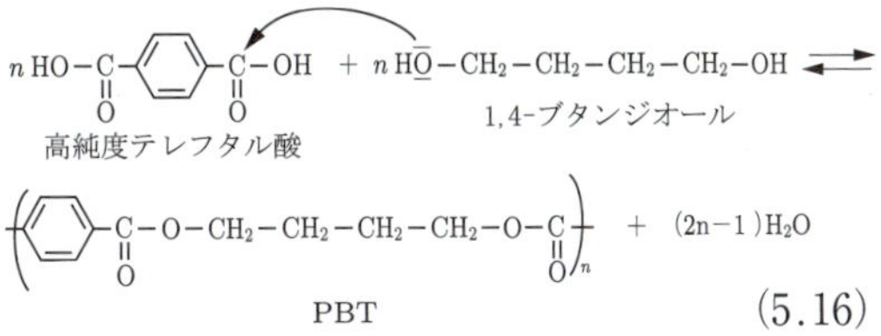

n HO-C-〈 〉-C-OH + n HO-CH$_2$-CH$_2$-CH$_2$-CH$_2$-OH $\rightleftharpoons$
高純度テレフタル酸　　　　　　　　1,4-ブタンジオール

(-C-〈 〉-C-O-CH$_2$-CH$_2$-CH$_2$-CH$_2$-O-)$_n$ + (2n-1)H$_2$O
PBT (5.16)

5.2.5 変性ポリフェニレンエーテル

ポリフェニレンエーテル（PPE）と汎用プラスチックのポリスチレン（PS）は，任意の比率で互いによく混ざり合う数少ない例である．これは，両者の単なるブレンドではなく，完全に相溶しているポリマーアロイ（polymer alloy）[*6]であり，変性ポリフェニレンエーテル（modified poly(phenylene ether），m-PPE）とよばれる（図5.12参照）．

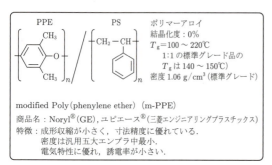

●図5.12● 変性ポリフェニレンエーテル (m-PPE)

●図5.13● 変性PPE製複写機ハウジング
（提供：㈱リコー）

●用途

ポリフェニレンエーテル（PPE）は耐熱性がよいものの，溶融時の流動性が低く，成形しにくい材料である．そのためPPEは単独で使われることはない．これに安価なポリスチレンを混合すると，流動特性が向上して成形しやすくなる．変性PPEのガラス転移温度は，ブレンド比によりPSの100℃からPPEの220℃までほぼ直線的に変化し，種々のグレードの製品が作れる利点がある．おもな用途は，複写機，プリンター，パソコンなどの外装樹脂（ハウジング材）である（図5.13参照）．

●合成法

PPEの合成法は，1959年，GE社のA. S. Hay（現 McGil University）によって報告された酸化カップリング重合で，1967年から商業生産が行われている．式（5.17）に示すように，モノマーには，フェノールのヒドロキシ基の両サイドにメチル基をもつ2,6-ジメチルフェノールが用いられ，ヒドロキシ基の水素と4-位の水素が塩化銅（Ⅰ）とピリジンの錯体触媒の存在下で，酸素により酸化されてポリエーテルが生成する．

$$n\,H-C_6H_2(CH_3)_2-OH + \tfrac{1}{2}n\,O_2 \xrightarrow{\mathrm{Cu_2Cl_2}/\mathrm{DMAc/Pyridine}} [-C_6H_2(CH_3)_2-O-]_n + (n-1)\,H_2O \quad (5.17)$$

5.2.6 シンジオタクチックポリスチレン

シンジオタクチックポリスチレン（SPS）は，出光石油化学㈱（現，出光興産㈱）によって，1997年に世界ではじめて工業化された結晶性のポリスチレンである（図5.14参照）．

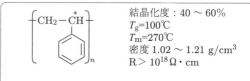

●図5.14● シンジオタクチックポリスチレン (SPS)

[*6] ポリマーの合金．金属は非常に合金（alloy）を作りやすい材料であるのに対し，ポリマーは，一般に合金を作りにくく，ブレンドしても個々のポリマー層に相分離する傾向が強い．そのため相溶化剤が使われることが多い．

●用途

　魚のトレー，魚箱などの発泡体や，CD，DVDのケース，前項の変性PPEに使用されているポリスチレンは，いずれもラジカル重合のメカニズムで合成されるポリマーを使用している．これは，フェニル基の向きにまったく規則性がないアタクチックポリスチレンである．これは，非常に成形しやすいが，耐衝撃性，耐溶剤性，ならびに熱安定性が低いため，汎用プラスチックとしての利用に限定されている．一方，フェニル基の向きが規則的なSPSは，40～60％の結晶化度をもつ結晶性高分子であり，非晶部の熱運動であるガラス転移温度は，ラジカル重合で得られるアタクチックポリスチレンと同じく100℃である．しかも，SPSは，融点が270℃と高く，エンプラとしての用途の展開がなされている（図5.15参照）．SPSのGF強化品の荷重たわみ温度は250℃と高く，5.3節で詳しく述べるスーパーエンプラと比較しても，遜色のないレベルに達している（表5.2参照）．

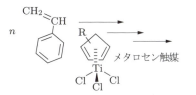

シンジオタクチックポリスチレン（SPS）

(5.18)

5.2.7 ポリグリコール酸

　ポリグリコール酸（PGA）は，最も簡単な分子構造の α-オキシ酸からのポリエステルである．㈱クレハは，2011年より米国ウエストバージニア州の工場でPGA樹脂，Kuredux® の商業生産を開始した．PGAは，高い気体の遮断性と優れた機械的強度をもつ材料である（図5.16）．

$$\left(CH_2-\underset{\underset{O}{\|}}{C}-O\right)_n$$

Poly(glycolic acid) (PGA)
商品名：Kuredux®（クレハ）

結晶化度 50％
$T_g = 40$℃，
$T_m = 220$℃
密度 1.55 g/cm³
引張り強度：109 MPa
曲げ強度：192 MPa
衝撃強度（アイゾット・ノッチ付）
　　　　　30 J/m

特徴：極めて優れたガスバリア性，
　　　エンプラ中最高位の引張り強度，曲げ強度，生分解性

●図 5.16 ● ポリグリコール（PGA）

●図 5.15 ● 掃除機モーター案内羽根SPS：ザレック®（提供：出光興産㈱）

●合成法

　スチレンをメタロセン触媒を用いて重合すると，立体規則性のSPSが得られる．SPSは，式（5.18）に示すように，主鎖の炭素をすべて紙面上に乗せ，平面ジグザグ構造の立体配座をとらせると，炭素一つおきにつく側鎖のフェニル基は，この紙面の前方（斜め上）と後方（斜め下）に交互についた立体規則性のポリマーである．

●用途

　PGAは，酸素ガス透過度，水蒸気透過度ともに既存樹脂中で最も低く，非常に高いガスバリア性をもつので，ペットボトルの中間層に用いるとPETの使用量を削減できる（図5.17参照）．

　PGAは，脂肪族ポリエステルでありながら，この樹脂の引張強度（109 MPa）はナイロン樹脂などのエンプラよりも高く，5.3節で取り上げるスーパーエンプラをしのぐ力学的強度をもつ（表5.2参照）．繊維の引張強度も，ナイロン66やPETより高く，しかも，生分解性をもっており，

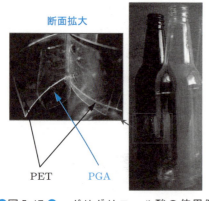

●図 5.17● ポリグリコール酸の使用例 PET/PGA/PET 積層ボトル（提供：㈱クレハ・佐藤浩幸氏）

ド）を生成しやすく，ポリエステルの合成には必ずしも有利ではないと考えられる．ところが，クレハは，図 5.18 に示すようにグリコール酸から分子量が 2 万以下の PGA をいったん作り，これを解重合して得られる高純度のグリコリドを開環重合することにより，高分子量の PGA を合成している．その平均分子量は実に 50 万に達している．

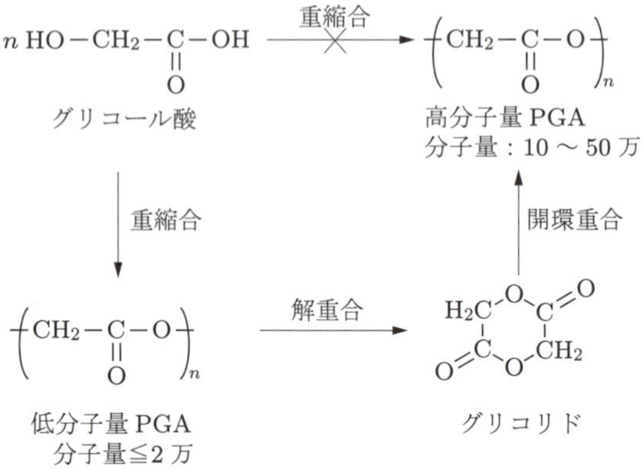

$$n\ HO-CH_2-\underset{\underset{O}{\|}}{C}-OH \xrightarrow{\text{重縮合}}\!\!\!\!\!\!\times \ \left(CH_2-\underset{\underset{O}{\|}}{C}-O\right)_n$$

グリコール酸　　　　　　　　　　高分子量 PGA
　　　　　　　　　　　　　　　　分子量：10〜50 万

PGA は外科手術用縫合糸や釣り糸として用途の拡大が見込まれる．

●合成法

グリコール酸は，α-オキシ酸であるので，2 分子間で反応して 6 員環状のジエステル（グリコリ

低分子量 PGA　　　　　　グリコリド
分子量 ≦ 2 万

●図 5.18● ポリグリコール酸の合成ルート
（提供：㈱クレハ・砂川和彦氏）

例題 5.1　ポリカーボネート B は，ビスフェノール B とホスゲンから界面重縮合により合成される．つぎの (1) 〜 (3) の設問に答えよ．

(1) ビスフェノール B の構造式を書け．ヒント：ビスフェノール B の化学名は 2,2-ビス (p-ヒドロキシフェニル) ブタン
(2) 重合反応を化学反応式で示せ．
(3) 界面重縮合の原理を説明せよ．

解答

(1) HO−⟨C₆H₄⟩−C(CH₃)(C₂H₅)−⟨C₆H₄⟩−OH

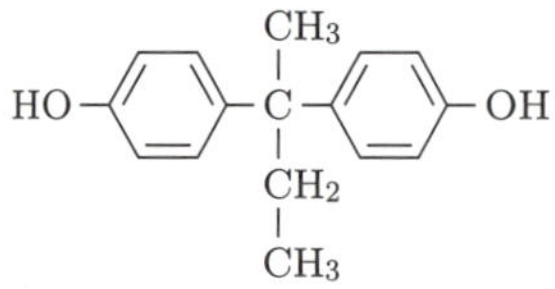

(2)
$$n\ Na^+{}^-O-\!\!\!\bigcirc\!\!\!-\underset{C_2H_5}{\overset{CH_3}{C}}-\!\!\!\bigcirc\!\!\!-O^-Na^+ + n\ Cl-\underset{\underset{O}{\|}}{C}-Cl \longrightarrow$$

$$\left[-\!\!\!\bigcirc\!\!\!-\underset{C_2H_5}{\overset{CH_3}{C}}-\!\!\!\bigcirc\!\!\!-O-\underset{\underset{O}{\|}}{C}-O-\right]_n + (2n-1)NaCl$$

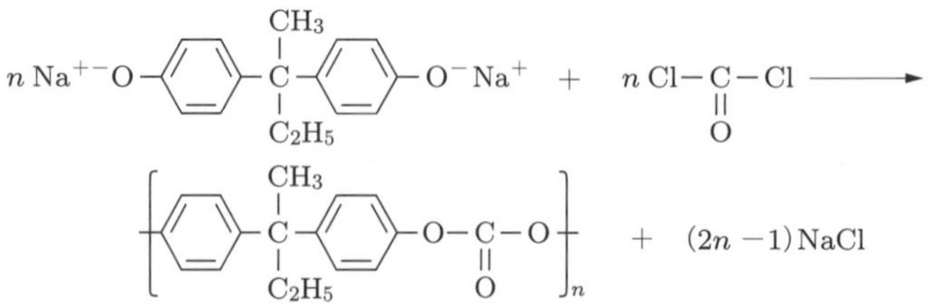

ポリカーボネート B

(5.19)

(3) ビスフェノールBを水酸化ナトリウムなどのアルカリを含む水溶液に溶かすとフェノキシドとなりこのアニオンが塩化メチレンなどの水と混ざらない有機溶媒中のホスゲンと界面で反応してポリカーボネートの膜ができる（式 (5.19) 参照）．ホスゲンはこの膜により水との反応が抑えられ，膜を取り除くと，より反応性の高いフェノキシドと界面で選択的に反応し，新たなポリマー膜ができる．工業的には2層を高速に回転して界面を作り，ポリマーは粉末として得られる．

Coffee Break

金属とエンジニアリングプラスチックの共演

あなたの衣服やカバンなどのチャックは，金属ファスナー，それともプラスチックファスナー．レールの部分（エレメント）はプラスチック，そして動く部分（スライダー）は金属からできているのがプラスチックファスナー．これは，長期間使用してもさびず，エレメントが金属からできている金属ファスナーよりも滑らかに動く．その秘密は，エレメントの素材に結晶化度85％という高さを誇るポリアセタールの使用にある．

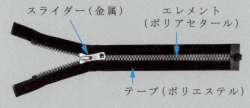

● 図 5.19 ● プラスチックファスナー（資料提供：YKK㈱）

5.3 スーパーエンジニアリングプラスチック

電気・電子産業や航空分野から，さらなる製品の高性能化，小型化，高信頼化を達成するために，高性能な高分子材料が強く求められてきた．この要求に沿って開発された新素材がスーパーエンジニアリングプラスチック（super engineering plastics）（以下スーパーエンプラと略記）である．

スーパーエンプラの分子構造上の共通点は，主鎖にベンゼン環を含む点にある（表5.2参照）．そのため，熱安定性が高く，スーパーエンプラのガラス繊維強化品は，200℃前後の温度で長期間使用することができる（図5.1参照）．

5.3.1 ポリフェニレンスルフィド

ポリフェニレンスルフィド（PPS）は，アメリカの Phillips Petroleum 社が1973年に商業生産を開始したスーパーエンプラである．同社の特許が1984年に失効したことから，わが国では DIC（大日本インキ），クレハ，東ソー，東レ，出光興産など数社が PPS の生産に参入しており，PPS はスーパーエンプラの中で生産量が最も多く，2006年の国内生産量は3.5万トンに達している．価格はおおよそ1000円/kgとエンプラに近く，PPS はスーパーエンプラの中で最も利用されている（図5.20参照）．

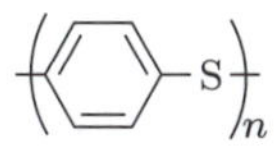

結晶化度　約60%
密度 1.35 g/cm³
$T_g = 88℃$
$T_m = 280℃$

Polyphenylene sulfide (PPS)
分子量＝20000〜80000

商品名：フォートロン®（クレハ），DIC-PPS®（DIC），出光 PPS®（出光興産），トレリナ®（東レ）
特徴：長期耐熱性，高剛性，寸法安定性，低吸水性
用途：CD, DVD ピックアップ部材，シャワー水栓

● 図 5.20 ● ポリフェニレンスルフィド（PPS）

■表5.2■ スーパーエンジニアリングプラスチックの特性[6),7)]

名　称	分子構造	密度 [g/cm³]	荷重たわみ温度 [℃] 18.6kg/cm²	引張り強度 [MPa]	衝撃強度 [J/m] アイゾットノッチ付	線膨張係数 [ppm/℃]
ポリフェニレンスルフィド (PPS)	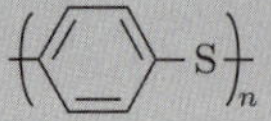 ‒(⌬‒S)ₙ‒	1.35	110	83	50	25
ポリエーテルエーテルケトン (PEEK)	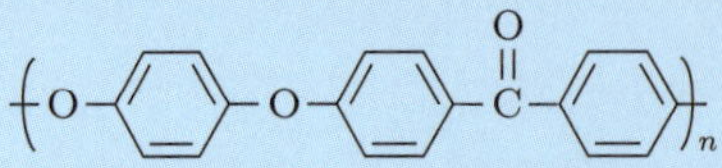 ‒(O‒⌬‒O‒⌬‒CO‒⌬)ₙ‒	1.30	150	95	64	46
ポリエーテルスルホン (PES)	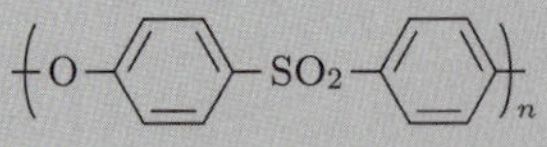 ‒(O‒⌬‒SO₂‒⌬)ₙ‒	1.37	205	83	85	55
ポリアリレート (PAR)	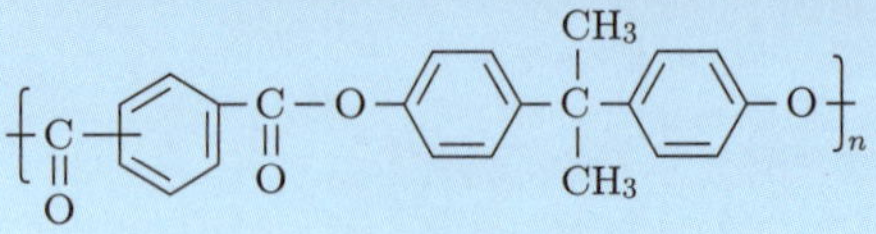 ‒(CO‒⌬‒CO‒O‒⌬‒C(CH₃)₂‒⌬‒O)ₙ‒	1.21	175	70	59	62

● **用途**

　PPSは成形時の収縮が少ないため，寸法精度を必要とする製品に最適な材料である．たとえば，CDやDVDプレーヤーの心臓部である光ピックアップの読み取り装置には，光軸のずれが高温・高湿の環境下でも数μm以下という寸法精度が求められる．このピックアップ部のベース材に，アルミニウムの鋳造品に代わりガラス繊維強化PPSが用いられている（図5.21参照）．PPSは結晶性高分子であるので，ガラス繊維を補強材に用いると，荷重たわみ温度は大幅に上昇して200℃を上まわる（図5.22参照）．自動車用部品では，リヤーワイパーやエンジン周辺部の部品にPPSが金属に代わり採用されている．

● **合成法**

　PPSを合成する反応の基本的な機構は，スルフィドアニオンがp-ジクロロベンゼンの塩素の

●図5.21● GF強化PPS製のCDピックアップベース（提供：ポリプラスチックス㈱）

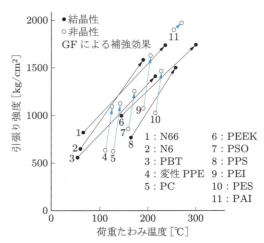

●図5.22● エンプラのガラス繊維（GF）による補強効果［片岡俊郎：『エンジニアリングプラスチック』，共立出版（1987）より転載］

ついている炭素を攻撃する芳香族求核置換反応[*7]による．この重合反応は，式（5.20）に示すように溶媒に N-メチル-2-ピロリドン（NMP）を用いて高温，高圧下で行われ，塩化ナトリウムを副生するので脱塩重合ともよばれる．

$$Cl\mathchar`-\!\!\bigcirc\!\!\mathchar`-Cl + Na_2S \xrightarrow[\text{高圧下, NMP 中}]{200 \sim 300℃} Cl\mathchar`-\!\!\bigcirc\!\!\mathchar`-S^-Na^+$$

$$\xrightarrow[\text{高圧下, NMP 中}]{200 \sim 300℃} \{\!\!\bigcirc\!\!\mathchar`-S\!\}_n + 2nNaCl \quad (5.20)$$

5.3.2 ポリエーテルエーテルケトン

ポリエーテルエーテルケトン（PEEK）は，イギリスのICI社が1981年に工業化した熱可塑性のスーパーエンプラであり，PEEK（ピーク）とよばれる（図5.23参照）．

●図5.23● ポリエーテルエーテルケトン（PEEK）

●図5.24● CF-PEEK 製の航空機部品
（提供：ビクトレックスジャパン㈱）

ハイドロキノンとから高沸点溶媒のジフェニルスルホン（bp 379℃）中で炭酸カリウムを用いて180℃以上に加熱して合成される（式（5.21）参照）．この芳香族求核置換反応による重合反応は，有機化学で勉強するウィリアムソン合成とよばれるエーテルの合成法を応用している．この重合反応では，ハロンゲン化物が芳香族であるので，強い電子吸引性基の存在が不可欠であり，フルオロ基とこれの4-位に存在するケトンのカルボニル基がそのはたらきをしている．

$$nF\mathchar`-\!\!\bigcirc\!\!\mathchar`-CO\mathchar`-\!\!\bigcirc\!\!\mathchar`-F + nK^+O^-\!\!\bigcirc\!\!\mathchar`-O^-K^+ \xrightarrow{180 \sim 320℃}$$

$$\{\!\!O\!\!\bigcirc\!\!O\!\!\bigcirc\!\!CO\!\!\bigcirc\!\!\}_n + (2n-1)KF$$

PEEK

(5.21)

5.3.3 ポリエーテルスルホン

ポリエーテルスルホン（PES）は，イギリスのICI社が1972年に商品化したスーパーエンプラである．わが国では，住友化学㈱が，ICI社のPES事業からの撤退にともない，その技術導入を受けて1994年より製造販売を行っている（図5.25参照）．

PESは，コハク色透明の非晶性のスーパーエンジニアリングプラスチックである．PESのガラス転移温度は225℃と高く，180℃までの耐クリープ性は熱可塑性樹脂中で最も高く，150℃で

●用途

PEEKの特徴は，ガラス繊維（glass fiber, GF）や炭素繊維（carbon fiber, CF）で強化すると荷重たわみ温度[*8]が300℃に上昇することにある（図5.22参照）．炭素繊維を補強材にしたPEEK（CF-PEEK）は，密度がアルミ合金の半分と軽く，しかも丈夫で粘り強いため，航空機材料など先端複合材料（advanced composite materials, ACM）として注目されている（図5.24参照）．

●合成法

PEEKは，4,4′-ジフルオロベンゾフェノンと

[*7] 芳香族求核置換反応は，脂肪族の反応と異なり，強い電子吸引性基が2個以上ついていないと一般に起こらないうえに，反応温度も高温になる．しかし，求電子置換反応と異なり，位置選択的に反応が起こるので，高分子合成反応には求核置換反応が求電子置換反応よりも有利である．

[*8] 荷重たわみ温度：プラスチックの実用的な耐熱性の尺度．試験片の両端を 10.00 cm の間隔で支え，中央に 4.6 kg/cm^2 または 18.6 kg/cm^2 の荷重を加えながら昇温したとき，たわみが 0.254 mm（1/100 inch）に達するときの温度．

Polyethersulfone (PES)

結晶化度 0%
T_g=225℃
荷重たわみ温度 205℃
密度 1.37 g/cm^3
衝撃強度 85 J/m
(アイゾット・ノッチ付)

商品名：Victrex®PES(ICI)，
スミカエクセル®PES(住友化学)
Radel®A(Sovay)，Ultrason®E(BASF)
特徴：優れた耐熱性，透明性，最高位の耐クリープ性
用途：回路基板，コネクター，ランプハウジング材

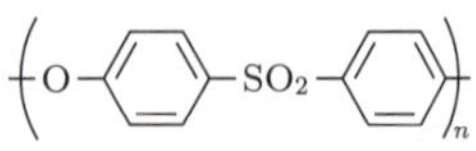

●図5.25● ポリエーテルスルホン（PES）

10 MPa（102 kg/cm^2）の負荷での3年後のクリープ変形量は1%にすぎない．

●用途

PESの食品安全性はアメリカ食品医薬品局（FDA）で認可されており，最近の哺乳瓶にはPESが使用されている（図5.26参照）．

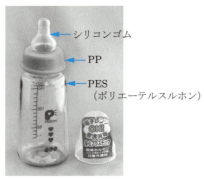

●図5.26● PES製の哺乳瓶（環境ホルモン対象外素材）

●合成法

ICI社が採用したPESの合成法を式（5.22）に示す．この重合反応もPEEKの合成と同様に，芳香族求核置換反応を用いたポリエーテルの合成である．ビスフェノール-S（Bis-S）は，反応場で炭酸カリウムと反応してフェノキシドイオンになり，これがビス（4-クロロフェニル）スルホンの塩素がついている炭素を求核攻撃してエーテル結合が生成する．すなわち，芳香族エーテルの合成にウィリアムソン合成を適用しているので，芳香族ハライド成分に強い電子吸引性基の存在が必要であり，スルホン基がその役割を果たしている．

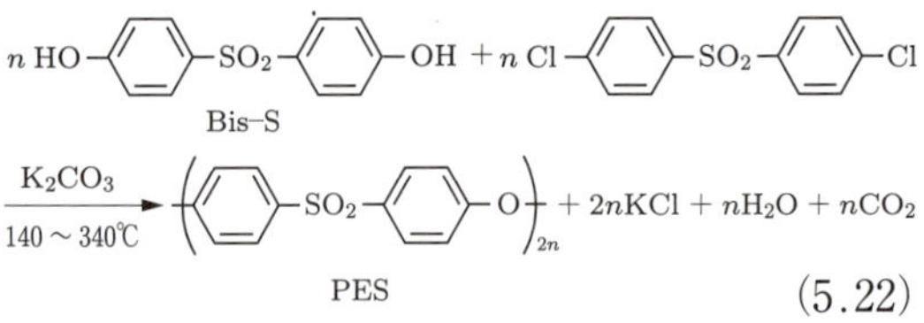

(5.22)

5.3.4 ポリアリレート

全芳香族ポリエステルはポリアリレート（polyarylate，PAR）とよばれ，これにはつぎの図5.27で示す2種類の骨格構造のポリエステルと，それらの共重縮合体とがある．

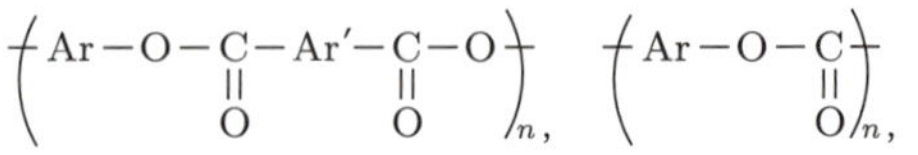

および，上記の共重合体
Ar，Ar′：アリール基（ベンゼン環などの芳香族基）

●図5.27● ポリアリレート（PAR）

PARは耐熱性に優れている共通点をもっており，融液が液晶を形成するかどうかで液晶性ポリアリレートと非晶性ポリアリレートに分類される．

(a) 非晶性ポリアリレート

工業化されている非晶性ポリアリレートは少なく，ユニチカ㈱のUポリマー®が世界で唯一の製品である．これは，図5.28に示す分子構造の非晶性の高分子で，その光線透過率は90%近くあり，メタクリル樹脂やポリカーボネートにつぐ透明性をもつ．

結晶化度 0%
T_g=193℃
密度 1.21 g/cm^3
光線透過率 85〜89%

Uポリマー®(ユニチカ) (U-100：テレ：イソ=1：1)
特徴：耐熱性，透明性，高温での耐クリープ特性
用途：自動車方向指示器アンバーキャップ，携帯電話，カメラ鏡筒

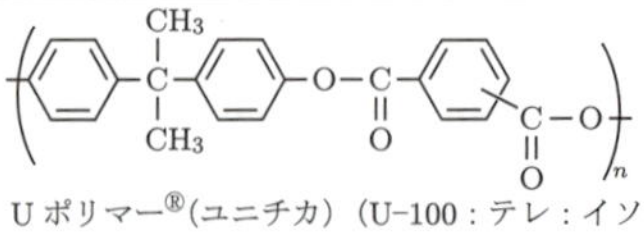

●図5.28● 非晶性ポリアリレート（Uポリマー®）

●用途

非晶性ポリアリレートの耐熱性は，透明性樹脂の中では最高位に属している．Uポリマー®は，自動車の方向指示器のアンバーキャップや目薬の

容器などに使われており，その用途は分子構造の類似するポリカーボネートと競合する分野にあるが，熱安定性，クリープ特性ともに性能はUポリマーが勝っている（図5.29参照）．

● 図5.29 ● ターンランプアンバーキャップ（提供：ユニチカ）

●合成法

Uポリマー®は，ジオール成分にビスフェノールAを，酸成分にテレフタル酸クロリドとイソフタル酸クロリドを用いて，界面重縮合法*9 で合成される共重縮合体である（式（5.23）参照）．

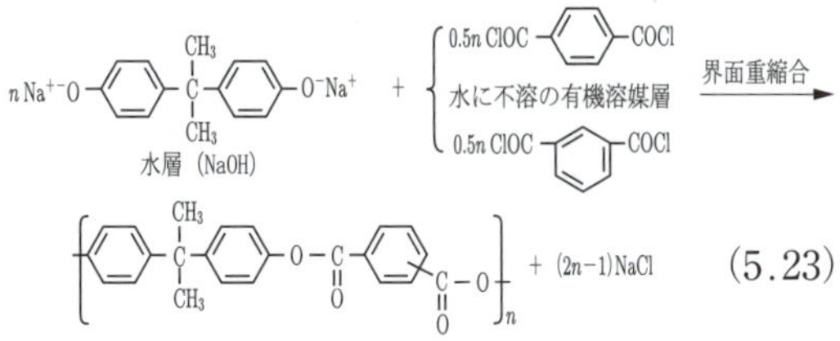

$$n\,Na^+-O-\underset{CH_3}{\underset{|}{\overset{CH_3}{\overset{|}{C}}}}-O^--Na^+ + \begin{array}{c} 0.5n\ ClOC--COCl \\ \text{水に不溶の有機溶媒層} \\ 0.5n\ ClOC-\\ COCl \end{array} \xrightarrow{界面重縮合}$$

水層（NaOH）

$$\left\{O-\underset{CH_3}{\underset{|}{\overset{CH_3}{\overset{|}{C}}}}-O-\overset{O}{\overset{\|}{C}}--\overset{O}{\overset{\|}{C}}-O\right\}_n + (2n-1)NaCl \quad (5.23)$$

なお，酸成分がテレフタル酸クロリドであってもイソフタル酸クロリドであっても，単独の場合は結晶性のポリアリレートになる．そこで，両者を1：1のモル比で用いてランダム共重縮合を行い，意図的に非晶性ポリマーにしている．

（b）液晶性ポリアリレート

高分子の液晶を高分子液晶または液晶ポリマー（liquid crystalline polymer, LCP）という．LCPは低分子と同様に，融液が液晶を形成する熱的液晶（サーモトロピック液晶）と溶液が液晶を形成する親液性液晶（リオトロピック液晶）とに分類される．

ここで取り上げるポリアリレートは，熱的液晶

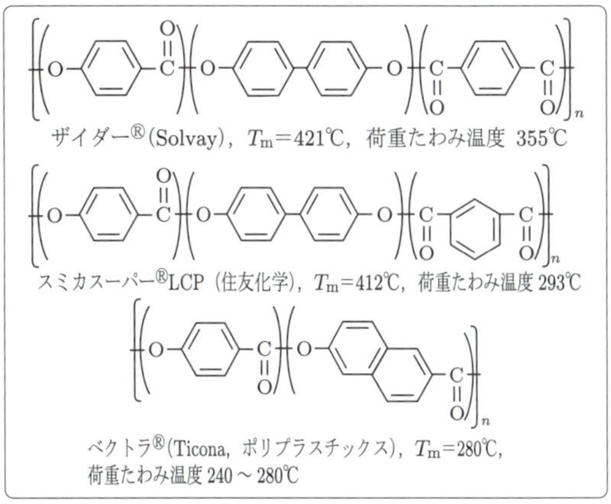

● 図5.30 ● 代表的な液晶ポリアリレート

ザイダー®（Solvay），$T_m=421℃$，荷重たわみ温度 355℃
スミカスーパー®LCP（住友化学），$T_m=412℃$，荷重たわみ温度 293℃
ベクトラ®（Ticona，ポリプラスチックス），$T_m=280℃$，荷重たわみ温度 240～280℃

を形成するポリマーであり，その代表的な液晶ポリマーの分子構造を図5.30に示す．

液晶ポリアリレートは，ポリ-p-ベンゾエートの構造単位，$-O--CO-$を共通してもち，これがポリエステルで液晶能を発現するための必要条件となる．しかし，ポリ-p-ベンゾエートそのものは，剛直な分子構造のために融点が高すぎて，事実上は融解しない非熱可塑性のポリエステルであるため有用性はない．そこで，共重縮合の手法により，高分子鎖の秩序性を乱して熱可塑性にしたポリマーがSolvay社のザイダー®をはじめとするLCPである．さらに，m-フェニレン構造を酸成分に少量だけ用いて主鎖を曲げることにより，流動性を改善したLCPが住友化学㈱のスミカスーパー®LCPである．一方，2,6-ナフタレン骨格によるクランクシャフト効果を使うことにより，低融点化した液晶ポリエステルがTicona社のベクトラ®である．

●合成法

スミカスーパー®LCPは，式（5.24）に示すように，モノマー中のフェノール性ヒドロキシ基を無水酢酸と反応させてアセテートとした後，重合反応はアセテートとカルボン酸とのエステル交換反応を高温（200～250℃）で行う溶融重縮合法で合成される．

---

*9 水層の塩基成分と水に不溶の有機溶媒に溶けた酸成分が界面で反応する重合法．水層には副生する酸を除去する脱酸剤が必要になり，アルカリまたは第3アミンが用いられる．

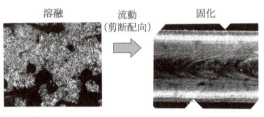

$$(5.24)$$

スミカスーパー®LCP の融液と成形品の偏光顕微鏡写真を図 5.31 に示す．直交ニコル下で輝いていることから，融液が液晶を形成しており，これから成形時のせん断応力により分子配向が起こることがわかる．

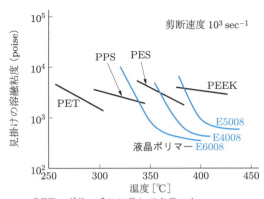

● 図 5.32 ● 各種エンジニアリングプラスチックの溶融粘度の温度依存性（提供：住友化学㈱）

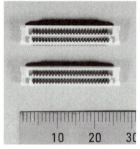

● 図 5.31 ● 液晶ポリマーの溶融液と固体の偏光顕微鏡写真（スミカスーパー®LCP）（提供：住友化学㈱）

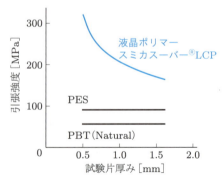

● 図 5.33 ● ファインピッチコネクター（スミカスーパー®LCP）（提供：住友化学㈱）

● **用途**

液晶ポリマーの溶融粘度は，高分子鎖の絡み合いが少ないため PPS や PEEK などのほかのスーパーエンプラと比べて著しく低くなる（図 5.32 参照）．そのため，液晶ポリマーは，小型・薄肉化が進むファインピッチコネクターなどの精密成形品の製造に不可欠な材料である（図 5.33 参照）．

SIMM や DIMM をマザーボードに差し込めば，パソコンのメモリを増設できる．ここに使われるのがファインピッチコネクターである．

液晶を形成しない PBT やスーパーエンプラの PES の強度は，図 5.34 に示すように試験片の厚さに依存しないのに対して，液晶ポリマーのスミカスーパー LCP の引張強度は PES より 2 倍（1.5 mm 厚）大きいうえに薄肉化により 3 倍（0.5 mm 厚）に上がる．これにより，携帯電話のハウジング材などの製品を薄肉化しつつ強度を上

● 図 5.34 ● 液晶ポリマーの強度の厚み依存性（提供：住友化学㈱）

げることができる．LCP のその他の用途は，パソコンの DIMM 用のコネクターをはじめ，リレー，ボビンなどの電気部品が 80% と多くなっている．

5.3.5 ポリイミド

構造単位中にイミド結合をもつ高分子をポリイミド（polyimide）という．ポリイミドは，熱的性質，電気的性質，および機械的性質のいずれにおいても極めて優れた性能をもつ**超高性能高分子**（ウルトラスーパーエンプラ）である．高信頼性が要求される宇宙航空分野とエレクトロクス分野で，ポリイミドはとくに需要が高い．Du Pont 社のカプトン®，宇部興産のユーピレックス®，鐘淵化学（現カネカ）のアピカル®，そして三井東圧（現三井化学）の熱可塑性ポリイミドのオーラム®がこれまでに開発され，商品化しているおもなポリイミドである．

（a）カプトン®（Du Pont）

Du Pont 社がアメリカの宇宙開発の必要性から 1962 年に開発したポリイミドフィルムがカプトン®である（図 5.35 参照）．

カプトン®は，有機材料の中で最高位の熱安定性を備えた材料で，250 ℃で約 10 年，300 ℃で約 1 箇月という長期安定性を誇る超耐熱性高分子である．また，フィルムの引張強度が高く（243 MPa），そのうえフレキシビリティに富んでおり，その機械的特性が 400 ℃の高温領域から −270 ℃の極低温領域に及ぶ広い温度範囲で保たれる．

ポリイミド
Poly(oxypherylenepyromellitimide)
カプトン®(DuPont)

非晶性高分子
T_g=420℃
T_m=None
密度 1.42 ～ 1.47 g/cm^3
体積固有抵抗 10^{18} Ωcm
誘電率 3.0 ～ 3.5
T=243 MPa(25℃)
E=3.0 GPa(25℃)
線膨張係数 2.0×10^{-5}

特性：超耐熱性，優れた電気絶縁性，良好な力学特性，柔軟性
用途：FPC ベースフィルム，ワニス，熱及び放射線遮蔽フィルム

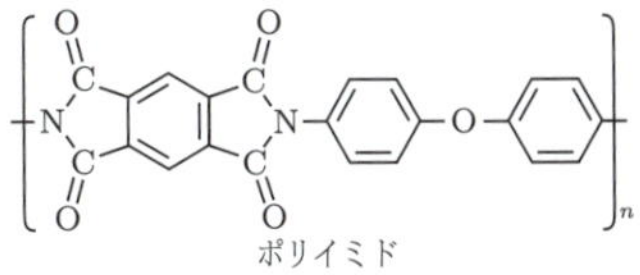

●図 5.35● カプトン®の分子構造と物性

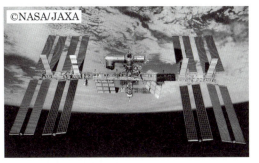

●図 5.36● 国際宇宙ステーション（太陽電池の熱・放射線遮蔽フィルム：ポリイミド）（提供：JAXA/NASA）

●用途

カプトン®は，人工衛星やスペースシャトルなどの熱保護フィルムとして大きな役割を果たしている．同時に，ポリイミドは卓越した耐放射線性をあわせもつので，国際宇宙ステーションなど宇宙での太陽電池の寿命を伸ばすはたらきもしている（図 5.36 参照）．

一方，エレクトロニクスの分野では，ポリイミドは小型化，高性能化，高信頼化が要求される電気製品のフレキシブルプリント回路（flexible print circuit，FPC）の基板（第 7 章，図 7.35 参照）や超小型ハイパワーモーターの絶縁材料などに使用されている．高いはんだ耐熱性と電気絶縁性に加え，誘電率が低いという優れた電気特性をあわせもつため，ポリイミドはエレクトロニクスの発展を支える必須の材料になっている．

●合成法

ポリイミドは線状高分子であるが，分子間力が極めて高いために一般に融解せず，溶媒にも溶けないためポリイミドのままでは成形を行うことができない．そこで，反応を式（5.25）に示すように 2 段階に分けて行う工夫がとられる（2 段階法）．最初にモノマーのピロメリット酸二無水物（PMDA）と 4,4′-オキシジアニリン（ODA）を等モル量用いて N,N-ジメチルアセトアミド（DMAc）などのアミド系溶媒中，室温以下の温度で重合を行う．すると，開環重付加反応が選択的に起こり，溶媒によく溶けるポリアミド酸が得

られる．つぎに，この重合液をガラス板上などに流延して加熱すると，溶媒が蒸発してフィルムに成形されると同時に分子内脱水反応が起こり，前駆体のポリアミド酸はポリイミドへと変換される．この熱閉環は 100 ℃ 前後の温度から起こるが，最終的には 250～300 ℃ に加熱することにより完結する．なお，工業的なポリイミドフィルムの製造法はエンドレスベルトを用いる図 2.25 を参照されたい．

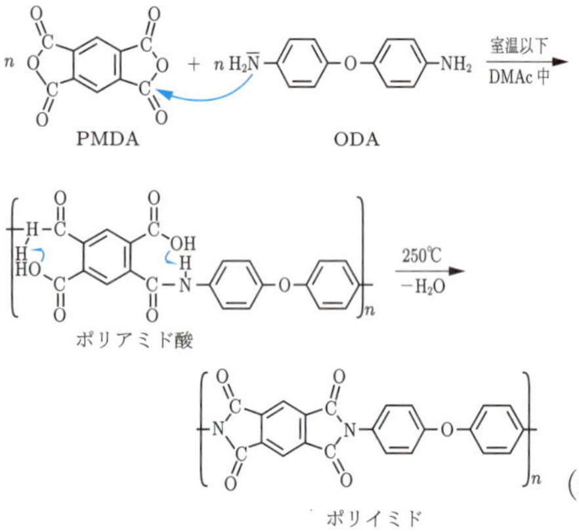

$$\text{(PMDA)} + \text{(ODA)} \xrightarrow[\text{DMAc 中}]{\text{室温以下}} \text{ポリアミド酸} \xrightarrow[-H_2O]{250℃} \text{ポリイミド} \quad (5.25)$$

(b) アピカル®（カネカ）

㈱カネカのアピカル® は，フィルムの線膨張係数を銅の 17 ppm/K に近づけ，フレキシブルプリント基板の基板材料としての性能を一層高めたポリイミド製品で，NPI タイプでは 18 ppm/℃ の線膨張係数を達成している（図 5.37 参照）．

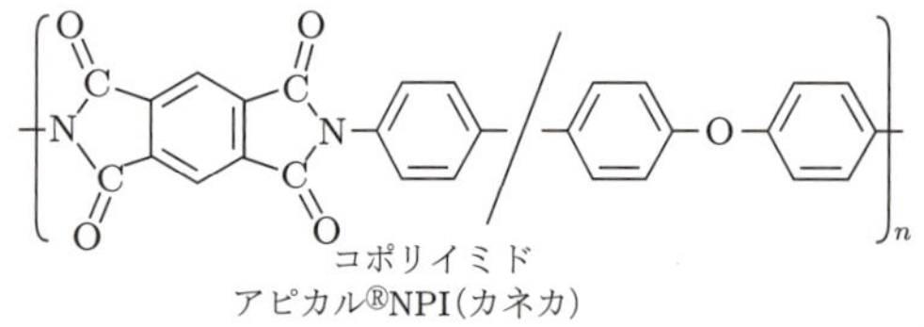

●図 5.37● アピカル® の分子構造と物性

コポリイミド アピカル®NPI（カネカ）
特性：超耐熱性，銅に近い膨張係数，優れた電気絶縁性
T_g>500℃，T_m=None，密度 1.45 g/cm³，熱膨張係数 18 ppm/℃，体積抵抗率>10^{16} Ωcm，誘電率 3.3
用途：FPC ベースフィルム，ワニス

●用途

図 5.38 にポリイミドフィルムに銅箔を張り合わせた銅張積層板の構造を示す．この銅箔の上に感光性樹脂を塗布し，マスキング，光照射，現象，エッチングにより回路が形成される（6.3.2 頁参照）．さらに，IC などの部品を実装してフレキシブルプリント基板（FPC）が作られる．FPC は軟らかく薄いので，ビデオやカメラのように狭く限られた空間に搭載され，小型化と高信頼化が達成されている．また，耐屈曲性が要求されるプリンターヘッドやノート型パソコンのディスプレイ部に電気信号を伝える配線にも FPC は使われている（図 7.35 参照）．

●図 5.38● フレキシブル銅張積層板の構成

●合成法

アピカル® は，ピロメリット酸二無水物を酸成分に，p-フェニレンジアミンと 4,4'-オキシジアニリンを塩基成分に用い，カプトン® と同様の重合反応で合成される．しかし，2 段目のポリアミド酸の分子内脱水反応は熱閉環ではなく，フィルムを無水酢酸とピリジンの混合液中に浸して行う，いわゆる化学閉環が採用されている．

(c) ユーピレックス®（宇部興産）

ユーピレックス® は，宇部興産㈱が開発して製造販売している超耐熱性のポリイミドで，ユーピレックス-R® とユーピレックス-S® とがある（図 5.39 参照）．

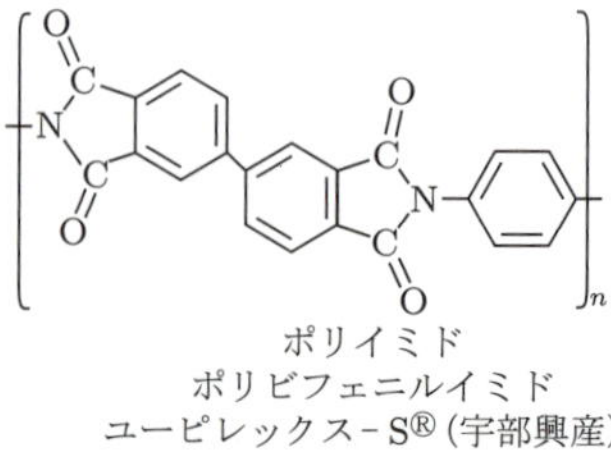

●図 5.39● ユーピレックス®-S の分子構造と物性

ポリイミド ポリビフェニルイミド ユーピレックス-S®（宇部興産）
非晶性高分子
T_g>500℃
T_m=None
密度 1.47 g/cm³
T=392 MPa
E=8.8 GPa
線膨張係数 12 ppm/℃
誘電率 3.5
特性：表面平滑性，超耐熱性，フレキシビリティ
用途：FPC 基板，モーターの絶縁材料，人工衛星の熱制御フィルム

● 用途

ユーピレックス-S®は，高温での加熱収縮率が従来のポリイミドの約1/2と極めて小さく，線膨張係数は銅のそれを下まわる12 ppm/℃を達成している．これは，塩基成分に剛直なp-フェニレン構造を含むことに起因する．ユーピレックス®-Sは，寸法精度が要求される微細回路の基板や高耐熱用途に使われる．

一方，耐放射線性に優れるユーピレックス-Rは，科学衛星「あけぼの」の熱制御フィルムに採用されて以来，一貫して日本の宇宙開発に採用されている（図5.40参照）．人工衛星や，はやぶさなどの宇宙探索機には，金色に輝いている部位がある．これは，ポリイミドフィルム自体の色が裏面に蒸着したアルミニウム薄膜によって反射して見えるためである．

● 図5.40 ● ユーピレックス®（宇部興産）を熱制御フィルムに使用した人工衛星ひてん
（提供：宇宙科学研究所・横田力男氏）

● 合成法

一般に，ポリイミドは溶媒に溶けない．しかし，溶媒に可溶なポリイミドを分子設計できれば，2段階法を使わずにモノマーから1段でポリイミドを合成し，これからフィルムに成形できる．式(5.26)に示すように，ユーピレックス®-Rは，ポリイミドの酸成分にビフェニルのテトラカルボン酸二無水物を塩基成分にODAを用いて，重合溶媒中で加熱することにより，1段階でポリイミドを合成するのに成功した．なお，副生する水は，溶媒のp-クロロフェノールに溶けないので，共沸混合物として留去できる．従来の2段階法では，成膜時に脱水反応が起こり，フィルムから水が脱離するが，1段階法では成膜時に水の発生をともなわないので，ユーピレックス®-Rはピンホールやボイドの少ない表面平滑性に優れたフィルムである．なお，図5.39のユーピレックス®-Sは，ポリアミド酸を経る2段階法で製造される．

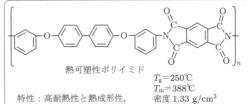

ユーピレックス®-R（宇部興産）

(5.26)

（d）オーラム®（三井化学）

オーラム®は，三井化学が開発した新しい熱可塑性ポリイミド樹脂である（図5.41参照）．

● 用途

これまでのポリイミドは非熱可塑性であったので，製品形状は溶液流延法で作られるフィルムが主体であった．オーラム®は，射出成形（融点

熱可塑性ポリイミド
$T_g = 250℃$
$T_m = 388℃$
密度 1.33 g/cm³
耐γ線：10000 メガラド

特性：高耐熱性と熱成形性，優れた耐放射線性
用途：航空機部材など

● 図5.41 ● オーラム®の分子構造と物性

● 図5.42 ● オーラム®の成形品
（提供：三井化学㈱）

388℃）が可能な利点を活かして複雑な形状の成形品を作ることができるため，航空機部材，自動車機構部品，複写機部品，および半導体製造のキャリア部品などで需要を伸ばしている（図5.42参照）．

■表5.3■ 熱可塑性高性能高分子の物性

物性	ウルテム® 1000（GE）	オーラム® （三井化学）	PEEK （ICI）
荷重たわみ温度［℃］†	205	240	150
引張り強さ［MPa］	105	92	97
曲げ強さ［MPa］	145	137	142
圧縮強さ［MPa］	140	120	120
アイゾット衝撃値［J/m］‡	49	88	69

† 18.6 kg/cm², ‡ ノッチ付き

●合成法

オーラム®は式（5.27）に示す新規ジアミン［Ⅰ］とピロメリット酸二無水物［Ⅱ］とから，ポリアミド酸を経て2段階で合成される．

$$\text{（5.27）}$$

●用途

ウルテム®は，電子レンジやオーブンの耐熱食器，自動車の変速機部品，ヘッドランプのリフレクター，電球のソケット，コネクターなどに使われている．

（e）ウルテム®（GE）

GE社は，1982年にウルテム®（Ultem）という熱可塑性のポリエーテルイミドを開発した．オーラム®が結晶性ポリエーテルイミドであるのに対し，ウルテム®は非晶質である．そのため，融点はないがT_g（215℃）以上の温度で軟化するため，成形加工が容易である．熱安定性はほかのポリイミドより劣るものの，ポリイミドの中では安価であり，その機械的特性はほかの熱可塑性高性能高分子と比較して遜色がない（表5.3参照）．

●合成法

ウルテム®の合成反応を式（5.28）に示す．その製造には，モノマーまたはオリゴマーを2軸押出成形機のシリンダー中で加熱・溶融してスクリューで練り込みながら副生する水を除去する技術がとられている（図5.43参照）．

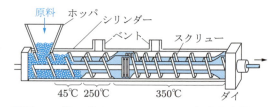

●図5.43● ポリエーテルイミドの押出反応器

$$\text{（5.28）}$$

例題 5.2

有機化合物の一般名は，反応により形成される結合様式により名づけられる．表5.4の空欄に該当する名称または一般式を書け．

■表 5.4■ 高分子合成に用いられる化学結合

結合様式	名称	R成分	R'成分
R—C(=O)—O—R'	(1)	(2)	R'—OH
R—C(=O)—NH—R'	アミド	(3)	(4)
R—O—C(=O)—NH—R'	ウレタン	(5)	(6)
(フタルイミド構造) N—R'	(7)	(無水フタル酸構造)	(8)

解答
(1) エステル (2) R—COOH (3) R—COOH (4) R'—NH₂ (5) R—OH
(6) R'—N=C=O (7) イミド (8) R'—NH₂

Coffee Break

ベピコロンボ計画

太陽に最も近く，灼熱の惑星とよばれる水星．探査機による調査は，400℃に達する強烈な熱と放射線にはばまれる．日本の宇宙開発事業団（JAXA）と欧州宇宙機構（ESA）が共同で進めている水星探査計画（ベピコロンボ）で2機の水星探査機が2018年10月にアリアン5号ロケットで打ち上げられた．7年かけて水星に接近し2026年から磁場・磁気圏・表層・内部の観測に入る．

この探査機の熱・放射線遮蔽膜に宇部興産㈱が開発した高耐熱性ポリイミドフィルムのユーピレックス®-Sが使用されている（図5.39，図5.44参照）．

●図5.44 公開された水星磁気探査機（提供：JAXA）

5.4 スーパー繊維

全芳香族ポリアミド（wholly aromatic polyamide）は，脂肪族ポリアミドの総称であるナイロンと区別するために，アメリカ連邦通商委員会により**アラミド**（aramid）とよぶことに定められている．アラミドには，アミド基がベンゼン環に結合する位置（メタ位とパラ位）により，4種類の組合せがある．このうち，メタ系アラミドは耐熱性繊維として，パラ系アラミドは高強度・高弾性率繊維として知られるスーパー繊維（super fiber）である．

5.4.1 耐熱性繊維

メタ系アラミドは，宇宙開発のためにDu Pont社から1967年に商業生産された耐熱性高分子である（図5.45参照）．

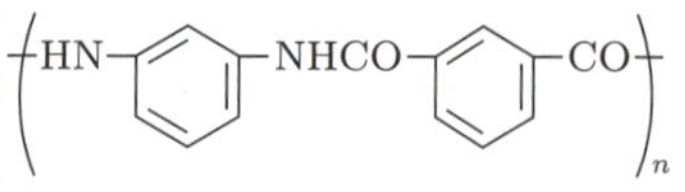

●図5.45● ノーメックス®とコーネックス®の分子構造と物性

特性：耐熱性，難燃性
用途：宇宙航空材料，耐熱服，救助服，レーシング服

メタ系アラミド
ポリメタフェニレンイソフタルアミド
Nomex®(Du Pont)，Conex®(帝人)
結晶化度 35～39%
$T_g=265℃$
$T_m=430℃$
密度 1.38 g/cm^3
引張り強度 5.3 g/d

●用途

軽くて燃えにくいこの繊維は，宇宙航空材料として好適である．スペースシャトルの耐熱タイル（シリカ）の下にDu Pont社製のメタ系アラミド（商品名ノーメックス®）のフェルトが熱遮蔽材として一面に敷き詰められている．この無機材料と有機材料を組み合わせた断熱方式により，約100回に及ぶ宇宙飛行が可能な設計がなされていた．船外活動の際に貨物室のドアが軽く開くのもノーメックス®のハニカム構造体が使われていたためである．また，最新の航空機の床，壁，ならびに天井にもノーメックス®のハニカム構造体が使われ，安全性の向上と軽量化にともなう燃料の節約に貢献している（図5.46参照）．

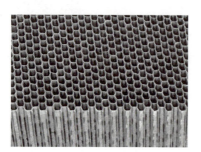

●図5.46● ノーメックス®のハニカム構造体
（資料提供：デュポン㈱）

メタ系アラミドは，宇宙航空分野だけでなく，消防服，レスキュー隊員用の救助服，溶鉱炉などの高温作業服，F1ドライバーなどのレーシング服などの繊維素材に用いられ，火災や事故から人命を守るのに威力を発揮している．テトロン®*10

やナイロンは230～270℃で融解するので，溶融紡糸により繊維を製造できる反面，火災時には身体に融着して大きな火傷を負う危険がある．これに対して，メタ系アラミド繊維は窒素中では430℃で融解するものの，空気中では融解せずに約400℃から徐々に分解して炭化し，900～1500℃の火炎や高熱に対して熱遮蔽効果を示す．

●合成法と紡糸法

Du Pont社は，図5.47に示すように，重合反応を低温溶液法で行い，重合液を中和後，乾式紡糸することによりノーメックス®を製造している．これに対し，帝人は界面重合法で合成したメタ系アラミドを分離後，アミド系溶媒に溶かし，湿式紡糸により繊維化してコーネックス®を製造している．

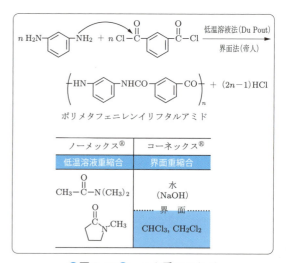

●図5.47● メタ系アラミド

5.4.2 高強度・高弾性率繊維

弾丸を弾き飛ばすほどの高い強度と弾性率をもつスーパー繊維の開発は，研究者にとって夢の課題である．合成高分子は分子設計がしやすいので，高分子鎖を繊維軸方向に配列できれば，この夢を実現する格好の素材になる．パラ系アラミドやポリベンズオキサゾールでは自発配向により，そし

---

*10 ポリエステル繊維の商品名で「テ」は帝人，「ト」は東レの意味．テイジンテトロン®と東レテトロン®がある．

て超高分子量ポリエチレンでは超延伸によりこの夢が実現している．

（a）ケブラー® (Du Pont)

ケブラー®は，Du Pont社が開発したパラ系アラミドからできた高強力・高弾性率繊維である（図5.48参照）．

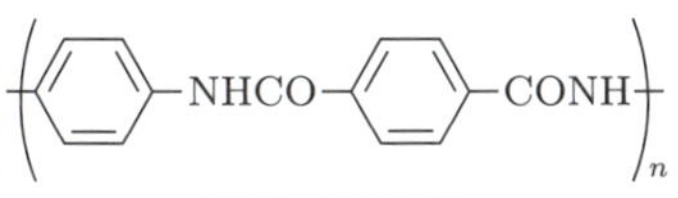

$$\left[-\!\!\left\langle\!\!\bigcirc\!\!\right\rangle\!\!-\!\text{NHCO}\!-\!\!\left\langle\!\!\bigcirc\!\!\right\rangle\!\!-\!\text{CONH}\!-\! \right]_n$$

パラ系アラミド
ポリ-p-フェニレンテレフタルアミド
商品名：Kevlar®(Du Pont), Twaron®(Akzo)

結晶化度 83%
$T_m = 560℃$
密度 1.45 g/cm³
引張強度：2.8 GPa　22 g/d
破断時伸度 2.4%

特性：高強度・高弾性率，耐熱性・難燃性
用途：防弾チョッキ，摩擦材，複合材料の補強材

●図5.48● ケブラー®の分子構造と物性

●用途

1972年に市販されたこの繊維は，至近距離からの弾丸が貫通しないほどの性能をもつ強固な繊維である．アメリカの司法長官の発案により，ケブラー®は防弾チョッキに使用され，多くの警察官の命を守るのに貢献している．一方，パラ系アラミドを自動車のラジアルタイヤのベルト層に使用すると，タイヤの軽量化にともなう乗り心地の向上がもたらされる．高強度・高弾性率と高耐熱性を生かした用途に自動車のブレーキ摩擦材がある（図5.49参照）．

●図5.49● ケブラー®の使用例
（提供：東レ・デュポン㈱）

●紡糸

ポリ-p-フェニレンテレフタルアミドは結晶化度が高いため，N,N-ジメチルアセトアミドなどの極性溶媒にもまったく溶けないので，フイルムや繊維に成形できない．ところが，Du Pont社の女性研究者，クオレク博士は，1965年に100%硫酸がパラ系アラミドの溶媒になることを見い出し，さらにある濃度以上になると液晶を形成することを発見した（図5.50参照）．Du Pont社は，液晶状態の紡糸原液（20%，80℃）を細い口金から5 mmの空気層を介して水中に凝固させる新しい紡糸法を開発した．この液晶紡糸法を用いて，22 g/dというとてつもない引張強度を出すことに成功した．軽く，しなやかで，しかも同重量の金属の5倍以上の引張強度をもつスーパー繊維，ケブラー®の誕生である．

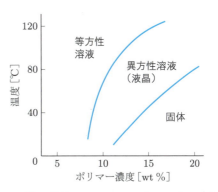

●図5.50● ポリ-p-フェニレンテレフタルアミド-硫酸系の相図［菊地哲也：高分子, 25, 184 (1976) より転載］

（b）テクノーラ®（帝人）

帝人㈱は，パラ系のアラミドであるテクノーラ®という商品名のスーパー繊維を1987年に開発した．引張強度は25 g/dであり，これはケブラー®（Du Pont）の強度を上まわる優れものである（図5.51参照）．

●重合および紡糸

テクノーラ®は，図5.52に示す重合・紡糸連続一貫プロセスにより生産されている．ポリマーは，酸成分のテレフタル酸クロリド100に対して，

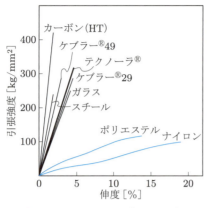

●図 5.51●　繊維の応力 - ひずみ曲線（断面積あたり）［帝人㈱テクノーラ® 技術資料（1991）より転載］

コポリ（p-フェニレン−3,4′−オキシジフェニレンテレフタルアミド）
テクノーラ®(帝人)

●図 5.52●　テクノーラ® の製造工程

T_g＝None
T_m＝None
T_d＝650℃
密度 1.55 g/cm^3
引張強度　42 g/d
5.8 Gpa,
破断時伸度 3%

Poly p−phenylenebenzbisoxzole(PBO)
商品名：ザイロン®(東洋紡)
分子量≒42000
特徴：超高強度・超高弾性率，高耐熱性
用途：防弾製品，補強材，耐熱産業資材，防護衣

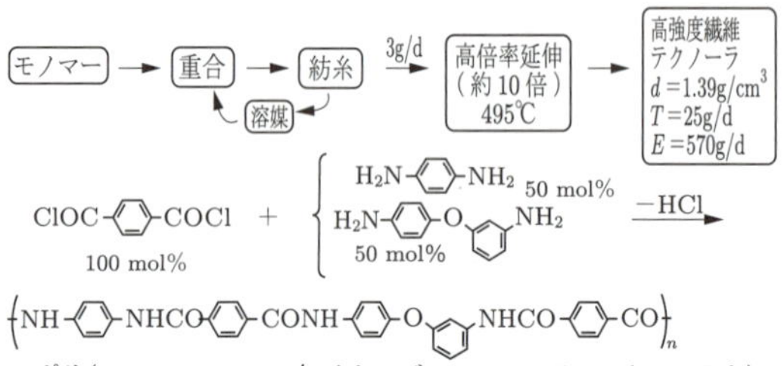

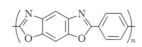

●図 5.53●　ザイロン®（PBO 繊維）の構造と物性，用途

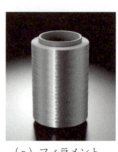

（a）フィラメント　　（b）最高級消防服

●図 5.54●　PBO 繊維，ザイロン®（提供：東洋紡㈱）

塩基成分に p-フェニレンジアミンと 3,4′-オキシジアニリンを 50：50 のモル比で反応させた共重縮合体である．これは有機溶媒に可溶であるが，重合液は液晶を形成しない等方性溶液で，これを湿式紡糸して繊維を作る．紡糸したままでは強度は 3 g/d 程度でしかないが，耐熱性高分子であることを活用して，495 ℃という高温で高倍率延伸を行い，高分子鎖を繊維軸方向に揃えることにより高強度化（25 g/d）を達成した．

（c）ザイロン®（東洋紡）

東洋紡は，複素環状高分子のポリ（p-フェレンベンゾビスオキサゾール）（PBO）からケブラー®（Du Pont 社）の実に 2 倍近くの強度と弾性率をもち，有機繊維の中で最も高い耐熱性と難燃性をもつウルトラスーパー繊維，ザイロン® の開発に成功した（図 5.53 参照）．この研究は，ダウケミカル社が開発を途中で中止したものを，東洋紡が PBO に関する知的財産および開発成果の譲渡を受け，東洋紡単独で繊維化の技術を完成させたものである．1998 年から同社つるが工場でザイロン® の生産が行われており，その用途は，高強度・高弾性率の力学特性を活かした補強材，防弾製品分野と熱的性質を活かした消防服などの防護衣分野などある（図 5.54 参照）．

●合成法

ポリマー（PBO）は，式（5.29）に示す 4,6-ジアミノレゾルシノールの 2 塩酸塩［Ⅰ］とテレフタル酸［Ⅱ］とから溶媒にポリリン酸（PPA）を用いて 150〜200 ℃に加熱することにより溶液状態で得られ，その平均分子量は約 47000 に達する．ここで，PPA は溶媒兼縮合剤のはたらきをしている．

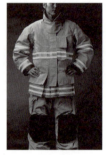

$$
\begin{aligned}
&\underset{[\mathrm{I}]}{n\,\mathrm{H_2N}\text{-}\underset{\mathrm{HO}\ \ \mathrm{OH}}{\bigcirc}\text{-}\mathrm{NH_2}\cdot 2\mathrm{HCl}} + n\,\underset{[\mathrm{II}]}{\mathrm{HO}\text{-}\mathrm{CO}\text{-}\bigcirc\text{-}\mathrm{CO}\text{-}\mathrm{OH}} \xrightarrow[\text{in PPA}]{-\mathrm{H_2O},\,-\mathrm{HCl}} \\
&\left(\mathrm{OCHN}\text{-}\underset{\mathrm{HO}\ \ \mathrm{OH}}{\bigcirc}\text{-}\mathrm{NHCO}\text{-}\bigcirc\right)_n \longrightarrow \\
&\left(\underset{\mathrm{HO}^{+}\ \ \mathrm{OH}}{\bigcirc}\right)_n \xrightarrow[\text{in PPA}]{-\mathrm{H_2O}} \\
&\left(\underset{\text{ポリ}(p\text{-フェニレンベンゾビスオキサゾール})\ (\mathrm{PBO})}{\bigcirc\text{-}\bigcirc\text{-}\bigcirc}\right)_n \quad (5.29)
\end{aligned}
$$

● 紡糸法

PBOは，重合液が強い液晶性を示すので，パラ系アラミドのケブラー®（DuPont社）と同様に，空気層を通して凝固浴に導く半乾湿式紡糸法（液晶紡糸法）が採用されている（図5.55参照）．紡糸口金と凝固浴との間で液晶層を形成している高分子鎖は，伸張方向に揃えられて伸びきり鎖構造をとる．ついで，緊張下，600℃で熱処理が行われ，弾性率がさらに高められる．

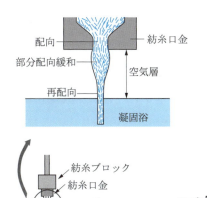

● 図5.55 ● ザイロン®（東洋紡）の液晶紡糸装置と空気層での分子配向の模式図〔矢吹和之（今井淑夫・横田力男編）：『最新ポリイミド—基礎と応用』，エヌ・ティー・エス（2002）より転載〕

（d）ダイニーマ®（東洋紡）

ごみ袋などに使用されている低密度ポリエチレン（LDPE）や，レジ袋に使われる高密度ポリエチレン（HDPE）の平均分子量は，いずれも2万～30万程度である．これに対して，平均分子量が100万以上のPEは超高分子量ポリエチレン（ultra high molecular weight polyethylene, UHMWPE）とよばれ，物性がかなり異なる（図5.56参照）．

$-(\mathrm{CH_2\text{-}CH_2})_n-$

分子量＝100万～600万
超高分子量ポリエチレン繊維
Ultra high-molecular weight polyethylene (UHMWPE)
商品名：ダイニーマ®（東洋紡–DSM）
特徴：高強度・高弾性率，耐摩耗性，自己潤滑性
用途：釣り糸，ヨットロープ，作業用手袋，複合材料補強材

結晶化度 50～70%
$T_g = -120℃$
$T_m = 150℃$
密度 0.97 g/cm³
$T = 25～40$ g/d
$E = 600～1700$ g/d

● 図5.56 ● ダイニーマ®の分子構造と物性，用途

● 用途

超高分子量ポリエチレンの成形品は，自己潤滑性，耐摩耗性，そして耐衝撃性に非常に優れており，人工関節などに使われることを第7章で説明している（図7.45参照）．このUHMWPEからゲル紡糸と高倍率延伸を行うことにより，パラ系アラミドを上まわる25～40 g/dという驚異的な強度と，非常に高い弾性率をもつスーパー繊維が生まれた．東洋紡㈱がオランダのDSM社との共同開発により，1987年から製造しているダイニーマ®がそれである．

● 紡糸

超高分子量の原料を用いて繊維を作れば，繊維軸方向の断面積あたりの分子末端数が少なくなるため，引張りに対して分子鎖の素抜け現象が抑えられ，高強度化に有利になる．しかし，分子量が大きいほど分子の絡み合いが起こりやすく，分子鎖の繊維軸方向への配向が難しくなる．DSM社のゲル紡糸法では，UHMWPEをデカリンやデカンなどの炭化水素系溶媒に高温で溶かした準希薄溶液（濃度2％）をオリフィス（口金）から空

気中に吐き出し，ゲル状の軟らかい繊維を作る．つぎに，このゲル状繊維から溶媒を抜きながら30倍にも延伸する．この超延伸（ultra drawing）により，極めて長いポリエチレンの分子鎖は繊維軸方向に配向し，ほぼ100％結晶化する（図5.57参照）．このように，ゲル紡糸と超延伸によりポリエチレンは伸び切り分子鎖結晶構造をとるため，強度と弾性率が飛躍的に大きなスーパー繊維が得られる．

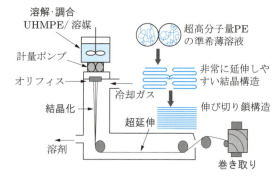

●図5.57● ゲル紡糸の原理図 ［大田康雄：繊維学会誌, 54, 8 (1998) より転載］

●用途

高強力ポリエチレン繊維は，水より軽く，吸水率も0％である．そのうえ，曲げ・ひねりに強い性質を活かし，とくに大型船係留用ロープや，良好な音の伝播性を活かしてスピーカーコーンの素材，さらにアーチェリーの弦など，パラ系アラミドと競合する分野に用途が見い出されている．

Coffee Break

スポーツで活躍するスーパー繊維

カール・ルイスがオリンピックの男子陸上100m競技で，金メダルを取ったときに履いていた魔法のシューズに使用されていた素材は，軽くて強い高強力ポリエチレン繊維であった．

ヨットの世界選手権といわれるアメリカズカップに出場した日本艇のロープに使用されていたのも，高強力ポリエチレン繊維である．一方，ヨーロッパやアメリカ艇のセールやロープはパラ系アラミドが使用されている．最近では，より高い弾性率をもつPBO繊維を採用するチームが増えている．

このように，スポーツの最前線に，高性能高分子の活躍を垣間見ることができる．

演・習・問・題・5

5.1
つぎのナイロンの分子構造とモノマーの構造を書け．
(1) ナイロン46　(2) ナイロン66
(3) ナイロン6　(4) ナイロン12
(5) ナイロン610　(6) ナイロン612

5.2
Bayer社（独）から1959年に工業化されたポリカーボネートは，エステル交換法で当初は製造された．この重合反応の反応式を書け．
ヒント：エステル成分はジフェニルカーボネートである．

5.3
エンジニアリングプラスチックに使われるポリエステルは，ポリブチレンテレフタラートである．ポリエチレンテレフタラートが使われない理由を書け．

5.4
スチレンをつぎの(1)の開始剤または(2)の触媒を用いて得られるポリスチレンの名称と立体構造を書け．
(1) 過酸化ベンゾイル　(2) メタロセン触媒

5.5
ファインピッチコネクターのような精密成形が可能な樹脂は何か．その理由を述べよ．

5.6
高強力繊維は，パラ系アラミドのような剛直な分子構造をもつ高分子とポリエチレンのような屈曲性の高い分子から実現している．その理由を述べよ．

5.7

ポリエチレン（PE）は，簡単な分子構造であるがいくつかの種類が存在する．つぎの PE を説明せよ．

(1) 低密度ポリエチレン（LDPE）
(2) 直鎖低密度ポリエチレン（LLDPE）
(3) 高密度ポリエチレン（HDPE）
(4) 超高分子量ポリエチレン（UHMWPE）

5.8

つぎの (1) と (2) に該当する代表的な高分子液晶の構造式を 1 例ずつ書け．

(1) 親液性液晶　　(2) 熱的液晶

5.9

帝人㈱のスーパー繊維，テクノーラ®の引張強度は 25.0 g/d，弾性率は 570 g/d である．この強度と弾性率の値を GPa の単位に換算せよ．ただし，テクノーラ®の密度は 1.39 g/cm³ である．なお，9000 m が 1 g の繊維の太さが 1 d（デニール）である．

第6章 機能性高分子材料

タンパク質やDNAに代表される生体高分子は，高分子鎖がある特定の立体構造を形成することにより，さまざまな機能を発現している．産業界においても，高分子だからこそ実現できる機能性材料の開発が盛んに行われており，生体高分子の機能を凌駕する材料も現実のものになりつつある．本章では，代表的な機能性高分子材料として，「分解する」，「光や温度などの外部刺激に応答する」，「水を大量に吸収する」材料を取り上げ，それらの機能を発現するために必要不可欠な高分子鎖の構造について学習する．

KEY WORD

生分解性	感温性	感光性	高吸水性	高分子ゲル
相転移	生体高分子	フォトレジスト	三次元網目構造	pH応答性
動的システム				

6.1 機能性高分子材料とは何か

はじめに，機能性高分子材料（functional polymer）の定義について述べる．「機能」という言葉は，「機能」性食品，高「機能」携帯電話（スマートフォン），多「機能」ペン，「機能」性衣料など，日常生活でごく普通に使われており，「あるものにもともと備わっている性質に加えて，何らかの付加価値がある」ことを示すときに用いられる．したがって，機能性をもつ高分子材料とは，巨大分子としての基本性能に加えて，さまざまな付加価値をもっている高分子材料と定義することができる．たとえば，高吸水性高分子，導電性高分子，高分子触媒，感光性高分子，高分子医薬，イオン交換樹脂，光電エネルギー変換高分子などがある．これまでに実用化されている機能性高分子材料の例を，表6.1に示す．

第5章で述べた高性能高分子材料は，耐性（耐熱性，耐衝撃性など）をもつ材料の総称であり，高温・高衝撃などの過酷な環境下において使用することを念頭におき設計されている．一方，この章で述べる機能性高分子材料は，外部の環境変化にあわせて変化できる特性をもっている材料であり（抵抗性を示して特性を変化させない材料ではなく），まさに生物のような動的変化を示す材料といえる．

機能性高分子材料を開発するうえで大事なことは，高分子の機能は高分子鎖の構造と密接な関係があるということである．すなわち，高分子の主鎖と側鎖の構造を制御できれば，望みの機能を発現させることが可能となる．

たとえば，気体の透過性を制御できる高分子フィルムを作りたいとしよう．まず，われわれが考えなければいけないことは，機能が発現する機構

■ 表 6.1 ■　機能性高分子材料の分類

機　能	応用分野	代表的な素材
光反応性	印刷，プリント配線，レジスト，メモリー	フェノール-ホルムアルデヒド樹脂
透明性	光ファイバー，光ディスク，大容量メモリー素子	ポリメタクリル酸メチル
半導体・超伝導体	回路，エネルギー変換，送電	ポリアセチレン，ポリアニリン
圧電性	センサー，音響機器	ポリフッ化ビニリデン
電子伝導性	バッテリー	ポリチオフェン
イオン伝導性	電池	ポリエチレンオキシド
イオン交換	純水製造，イオン濃縮	ポリスチレンスルホン酸ナトリウム
選択透過性	濃縮膜，分離膜	ポリジメチルシロキサン
低酸素・水透過性	食品包装用	ポリ塩化ビニリデン
選択吸着・キレート化	廃水処理，有用物回収	ポリアミド
固定化酵素	バイオリアクター	ポリスチレンスルホン酸ナトリウム
高吸水性	紙おむつ，生理用品，砂漠の緑化	ポリアクリル酸
超薄膜	集積回路，変換素子，ディスプレイ	ポリビニルアルコール
徐放性	医薬，農薬，肥料	ポリ乳酸
生体組織適合性	コンタクトレンズ，人工血管	ポリメタクリル酸メチル
触媒作用	高分子触媒	酵素，リボザイム
薬理活性	医薬，農薬，肥料	エチレン-無水マレイン酸共重合体

をきちんと理解することである．この例では，気体がどのような機構で高分子フィルムを透過するのかが重要である．これがわかれば，どのような構造の高分子を合成すればよいのかが決まってくる．分子構造が決まれば，高分子合成化学の出番である（第2章参照）．このように，機能性高分子材料の開発は，高分子構造と高分子化学についての基礎知識を十分に修得してはじめて可能となる．

この章では，生分解性プラスチック（biodegradable plastics），光や温度などの外部刺激に応答する高分子（stimuli-responsive material），高分子ゲル（gel）などの代表的な機能性材料について，材料の機能が発現する機構と高分子構造との相関性に言及しながら紹介する．

Coffee Break

導電性高分子材料と白川英樹先生

ポリ塩化ビニルやポリエチレンなどの高分子材料は電気を通しにくい絶縁体であるため，電線被覆材料などに利用されている（7.2節参照）．これらの汎用性高分子材料が絶縁体であるのは，電子が自由に動けない（局在化されている）ためである．しかしポリアセチレンのようなπ共役系高分子材料では，非局在化しているπ電子が分子内に数多くあるため，材料内を電子が移動できる可能性がある．実際に，図6.1に示すように，ポリアセチレンフィルムにドーパント（微量で機能する活性剤のこと．ヨウ素など）を添加し，電子を動きやすい状態に変化させると，フィルムの導電性は飛躍的に向上する．一次構造の設計が，導電性を向上させるのに極めて重要であることがわかる．

絶縁体と考えられていた高分子材料が導電性をもつことを発見した筑波大学名誉教授の白川英樹先生は，この功績により2000年にノーベル化学賞を受賞している．導電性高分子は，高分子材料が軽量であるという特性を活かして携帯電話やタッチパネルなどに応用されている．

ポリエチレン（絶縁体）　　　　　　　　　　　　　　ポリアセチレン（半導体）
－CH$_2$－CH$_2$－CH$_2$－CH$_2$－　──共役系にする──→　－CH＝CH－CH＝CH－

　　　　　　　　　　　　　　──ドーパントを微量入れる──→　高分子導電体

● 図6.1 ● 絶縁材料から導電性材料へ

6.2 生分解性プラスチック

ペットボトル，レジ袋，発泡スチロールなど，われわれは，数多くのプラスチックに囲まれて生活している．これらの汎用性プラスチックを，われわれは年間どのくらい消費し，廃棄しているのだろうか．国内のプラスチック消費量は，1996年以降，年間1100万トン前後で推移しているので，1人あたりの年間消費量は約 90 kg となる．これを 500 mL のペットボトル（空容器）の重さで表すと，ペットボトル 1 本の重さは約 25 g なので，1 日約 10 本，1 年間では 3600 本ものペットボトルを消費していることになる．廃棄量も消費量とほぼ等しいので，われわれは 1 日に約 10 本のペットボトルを捨てている計算になる（実際は，プラスチックの約 75% がリサイクルされている）．

ここで，自然界に目を向けると，地球上にも数多くの高分子化合物が存在している．セルロース，デンプンなどの多糖類，ポリペプチド（タンパク質），DNA，ポリヒドロキシアルカン酸，天然ゴムなどである．これらの化合物の構造式を，図6.2に示す．

自然界の高分子化合物は，生命体を構成する構造材料や機能材料として使われており，生命体を維持するために重要な役割を果たしている．これらの高分子化合物は，低分子有機化合物のバイオマス資源（biomass resources）を，微生物や酵素などの生体触媒がつなぎあわせることにより作られている．そして，生命活動が終わり，役割を終えた高分子化合物は，微生物によって低分子化合物に分解され，土の養分や二酸化炭素になる．これらは，光合成の原料となり，高分子化合物を合成するために必要なバイオマス資源を生産するために使われる（図6.3参照）．

このように，地球上の生物圏には，物質循環システムが確立されている．このシステムの中に，われわれが日常生活で使用しているプラスチックを組み込むことができれば，廃棄物を減らすことや，限りある化石燃料の消費を防ぐことにつながる[*1]．このような性質をもつプラスチックは，<u>生分解性プラスチック</u>とよばれており，一般に，「使用中は，従来のプラスチックと同等の機能をもちながら，使用後は，自然界の微生物により，最終的に水と二酸化炭素に分解される」高分子材料と定義されている．

それでは，どのような一次構造をもつ高分子化合物が，生分解性プラスチックの候補となり得るのか．分解という性質に限っていえば，そのヒントは，先に述べた自然界が作る高分子の構造の中にみてとれる．図6.2に示した天然高分子（natural polymer）は，それぞれつぎの結合でモノマーとモノマーがつながっている．

① セルロース（多糖類）はグリコシド結合（エーテル結合）
② タンパク質はアミド結合（ペプチド結合）
③ ポリヒドロキシ酪酸（ポリヒドロキシアルカン酸）はエステル結合

したがって，グリコシド結合，アミド結合，エステル結合などをもつ高分子化合物は，微生物により分解される可能性があるため，生分解性プラスチックとなり得る．

商品化されている生分解性プラスチックの構造を結合ごとにまとめて，表6.2に示す．

分子内にこれらの結合をもつと，酵素的，あるいは非酵素的な加水分解反応により，モノマー単位にまで分解される．分解速度は，結合様式だけでなく，つぎの違いに大きく依存する．

① 分子全体の大きさ（分子量）【一次構造】
② モノマー単位の物理化学的性質（とくに，親疎水性）【一次構造】
③ 結晶化度【高次構造】

生分解性プラスチックは，現在，さまざまな用

[*1] 汎用性プラスチックの原料は，バイオマス資源ではなく石油資源である．

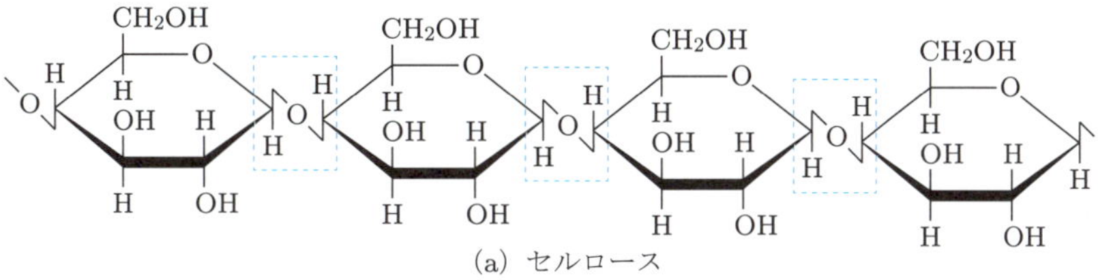

(a) セルロース

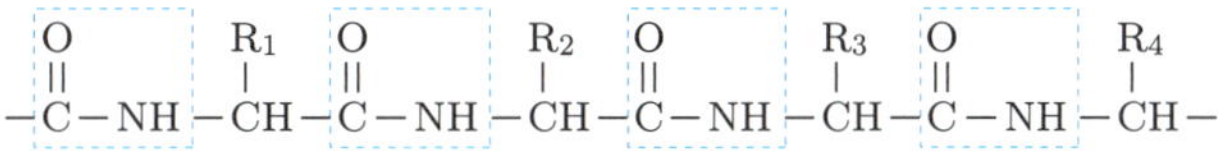

(b) ポリペプチド（タンパク質）

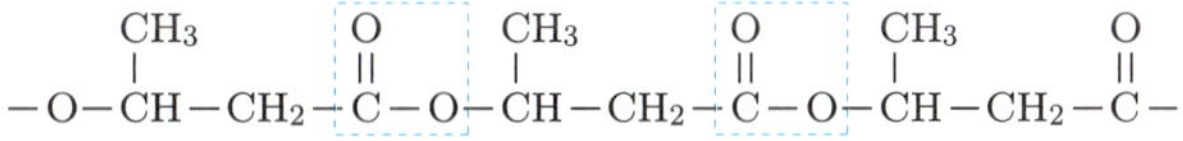

(c) ポリ（3-ヒドロキシ酪酸）

● 図 6.2 ● 代表的な天然高分子の構造

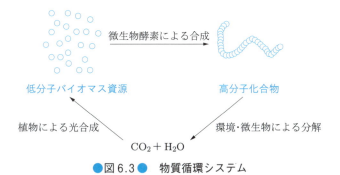

● 図 6.3 ● 物質循環システム

■ 表 6.2 ■ 市販されている生分解性プラスチックの例

結合様式	成分	商品名	メーカー	構造
エステル結合	ポリ乳酸（PLLA）	Ingeo™（インジオ）BIOFRONT®（バイオフロント）	ネイチャーワークス社（NatureWorks LLC社）帝人	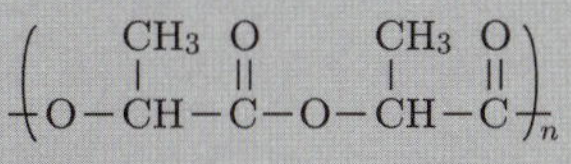 $\left(\text{O-CH(CH}_3\text{)-C(O)-O-CH(CH}_3\text{)-C(O)}\right)_n$
エステル結合	ポリブチレンサクシネート（PBS）	Bionolle®（ビオノーレ）	昭和電工	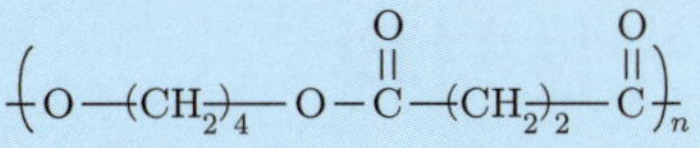 $\left(\text{O-(CH}_2\text{)}_4\text{-O-C(O)-(CH}_2\text{)}_2\text{-C(O)}\right)_n$
アミド結合	ナイロン11	Rilsan®B（リルサンB）	アルケマ社（Arkema社）	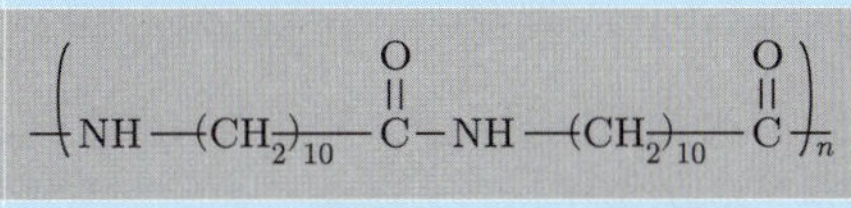 $\left(\text{NH-(CH}_2\text{)}_{10}\text{-C(O)-NH-(CH}_2\text{)}_{10}\text{-C(O)}\right)_n$
グリコシド結合	デンプン	Mater-Bi®（マタービー）	ノバモント社（Novamont社）	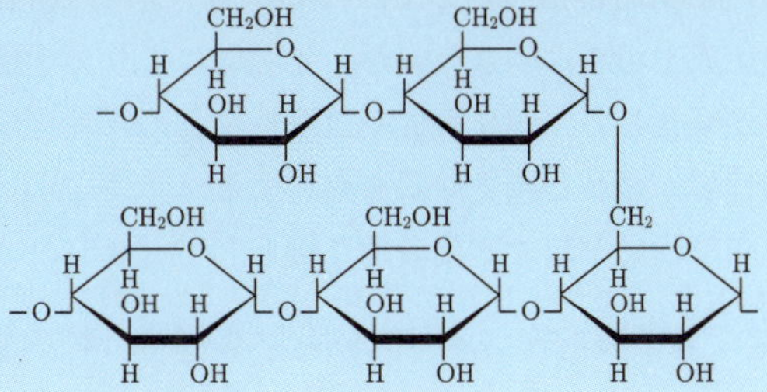 （デンプン構造図）

途に利用されている（表6.3参照）．

① 自然環境中で利用され，自然環境に流出する可能性が高い製品．使用後は，完全に分解されることが期待される．
② リサイクル使用が困難な製品．使用後は，生ごみとともにコンポスト（堆肥）化処理によって，速やかに分解されることが期待される．

このように，石油資源からしか作れなかったプラスチックを，再生可能なバイオマス資源によって生産できれば，化石資源の消費を削減したり，大気中の二酸化炭素濃度の上昇を抑制したりすることが可能となることから，生分解性プラスチックは，21世紀の新素材として重要な位置を占めることが期待されている．

■表6.3■ 生分解性プラスチックの用途と商品例

分野	用途	商品例
自然環境中で利用される分野	農林水産	多目的フィルム，農薬・肥料用の徐放性被覆剤，移植用苗ポット，釣り糸，漁網，のり網など
	土木・建築	断熱材，荒れ地，砂漠の緑化用保水素材，工事用の保水シート，土のう，植生ネットなど
	スポーツ，レジャー	ゴルフ，釣り，登山，マリンスポーツなどの使い捨て製品
	水処理	沈澱剤，分散剤，洗剤
有機廃棄物のコンポスト化に有用な分野	食品	食品包装フィルム，飲食用パックの内部コーティング，生鮮食品のトレー，ファーストフードの容器，弁当箱など
	衛生材料	紙オムツ，生理用品など
	日用品，雑貨	ペンケース，歯ブラシ，ゴム袋，コップ，水切りなど

例題 6.1 非晶性のポリ乳酸と結晶化度の高いポリ乳酸は，どちらのほうが分解しやすいか．ただし，ポリ乳酸の分子量は同じとする．

解答 非晶性のポリ乳酸のほうが分解しやすい．加水分解反応が起こるために不可欠な水分子は，高分子鎖が密に充塡されている結晶領域内部に拡散できないため，結晶領域の加水分解は表面のみで進行する．そのため，結晶領域の加水分解速度は，非晶領域の加水分解速度と比べて著しく遅くなる．

6.3 感光性材料

光のもつエネルギー[*2]により，結合の生成や分解などの化学反応を引き起こす官能基は，感光性基（photosensitive）とよばれている．また，結合の生成や切断は起きないが，光照射により分子構造が変化して，親疎水性や溶解性などの物理化学的性質が変わる感光性基も存在する．

化学反応が起きる代表的な例として，オレフィン二重結合をもつケイ皮酸誘導体があげられる．この化合物に紫外光を照射すると，シクロブタン環をもつケイ皮酸誘導体の二量体（dimer）が生成する（図6.4参照）．また，物理化学的変化を起こす例としてアゾベンゼンがあげられ，紫外光の照射により分子構造がトランス体からシス体に変化する（図6.5参照）．この変化により，分子

[*2] 光のエネルギーは波長が短いほど大きくなる．そのため，波長の短い紫外光 UV（ultraviolet）は可視光よりエネルギーが大きい．

のかたちは伸びた状態から屈曲した状態に変わり，長さは短くなる．加えて，親疎水性も分子構造の違いにより変化し，疎水性であったトランス体は，シス体では親水性となる．以上の変化は可逆的であり，シス体のアゾベンゼンは可視光の照射によりトランス体に戻る．

このような感光性基を高分子の中に組み込めば，光という物理信号に応答する感光性材料を作ることができる．

6.3.1 感光性高分子

感光性基をもつ高分子は，光照射にともない架橋反応や分解反応が起こり，材料の溶解性・親疎水性・接着性などの物性が変化する．いくつか具体例を見てみよう．

（a）光架橋

ケイ皮酸誘導体を含む高分子に紫外光を当てると，ケイ皮酸部位が図6.4のように光二量化して，高分子鎖間で橋かけ（crosslink）を形成する．光照射された材料は三次元的に架橋した構造の「ゲル」（6.5節参照）となるため，光照射前には溶解していた溶媒に不溶となる（図6.6）．この性質を利用すれば，光を当てるだけで，基板上にさまざまなパターンを形成することができる（図6.7）．

（b）光分解

分子内にカルボニル基（>C=O）をもつ化合

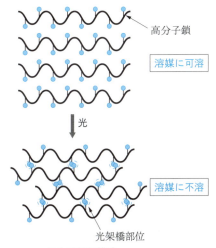

●図6.6● 感光性高分子の光架橋による三次元網目構造の形成（●：ケイ皮酸部位）

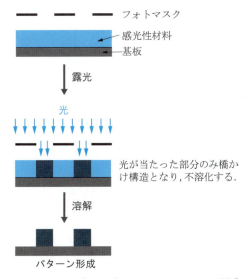

●図6.7● 感光性高分子によるパターン形成

●図 6.8● Norrish I 型の光反応

物は，280 nm 近傍の光を吸収する．その結果，以下の二つの Norrish 型光化学反応が起きる．

① Norrish I 型の反応：カルボニル基に対して α 位の C-C 結合が切れ，ラジカル（radical）が生成する（図 6.8 参照）．

② Norrish II 型の反応：カルボニル基の γ 位の水素が図 6.9 のような 6 員環構造を経て分解する．この反応では，オレフィンとケトンが生成する．ケトンはカルボニル基をもつため，さらなる光分解反応を引き起こす．

光分解型高分子は，Norrish 型光反応を介して分解する場合が多い（同じ分解でも，6.1 節の生分解とは異なることに注意）．したがって，分子中のカルボニル基の量は，分解性を制御する重要な因子となる．カルボニル基をもつ高分子の一つとして，エチレン－一酸化炭素共重合体があげられる．この高分子が Norrish I 型の機構で分解すると，図 6.10 のような反応が進行し，主鎖の切断が起きる．

また，Norrish II 型の機構でも，図 6.11 のように主鎖は切断される．この高分子の場合，光分解はおもに，Norrish II 型の反応により進むことが報告されている．

現在，エチレン－一酸化炭素共重合体は，包装用の袋などに用途展開されている．

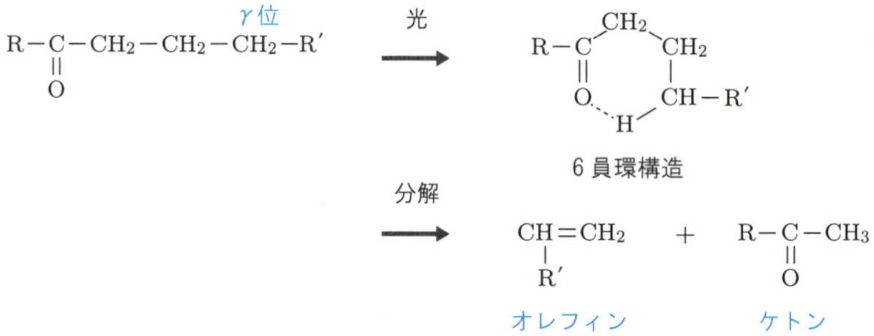

●図 6.9● Norrish II 型の光反応

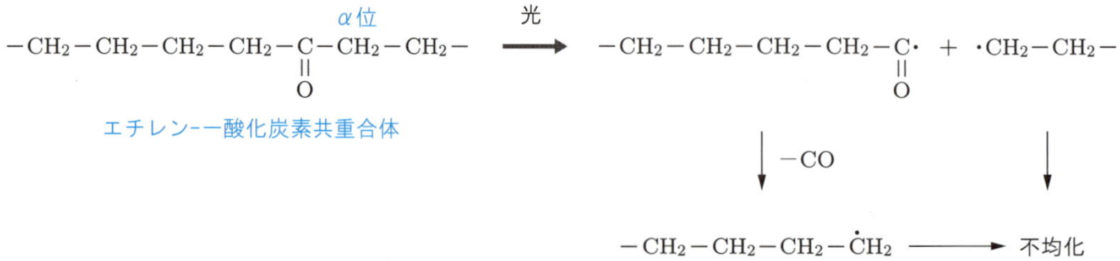

●図 6.10● エチレン－一酸化炭素共重合体の Norrish I 型光分解反応

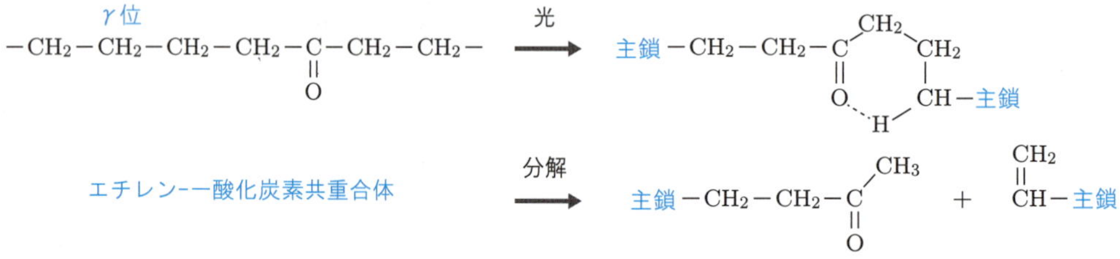

●図 6.11● エチレン－一酸化炭素共重合体の Norrish II 型光分解反応

例題 6.2

側鎖にカルボニル基をもつポリメチルビニルケトンに，紫外光を当てたときの分解機構を，化学反応式により説明せよ．

解答　Norrish I 型の分解反応ではカルボニル基の α 位の炭素が切断されるので，図 6.12 のように側鎖の切断のみ起こる．

主鎖切断は，γ 位の水素が引き抜かれる Norrish II 型の光反応により進行する．

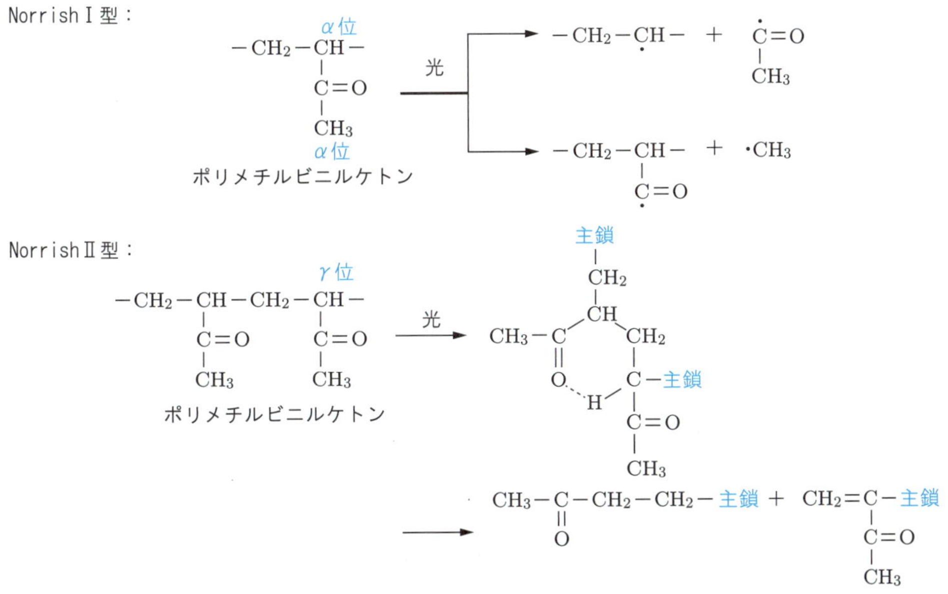

●図 6.12 ● ポリメチルビニルケトンの光分解反応

6.3.2 感光性高分子の応用例

感光性高分子は，印刷製版，プリント配線，光硬化型塗料・インク，光記録材料など，幅広い分野で使用されている．

感光性材料は光照射により高分子の溶解性が変化することから，適当な溶剤で現像することにより，微細なパターンを半導体上に描画することができる．このような材料は，フォトレジスト (photoresist) とよばれている．露光により高分子の溶解性が増加するものはポジ型，不溶化するものはネガ型に分類される．図 6.13 にポジ型のフォトレジストを示す．

ガラス，シリコンウェハー，セラミックスなどの基板上にコーティングされた薄膜（レジスト：感光性高分子材料）を金属製フォトマスクなどにより選択的に露光・現像してフォトレジスト画像を形成し，レジストで覆われていない部分をエッチング加工（現像後の基板にプラズマなどを照射して，レジストが除かれた部分の基板表面を削る工程）することにより精密パターンを得る．ここで，フォトレジストはエッチングに対して耐性を示す材料でなければならない．エッチング後レジストを剥離することにより，基板に回路を転写することができる．この工程を繰り返すと，複雑な集積回路が作られる．

ポジ型フォトレジストに用いられる代表的な感光性高分子材料として，ノボラック樹脂（フェノール - ホルムアルデヒド樹脂）と o-ナフトキノンジアジド類の混合物があげられる（図 6.14 参照）．ナフトキノンジアジド基は，ノボラック樹脂がアルカリに溶けるのを抑制するはたらきをしているが，光照射によってアルカリ可溶性のインデンカルボン酸に変化すると，その抑止力を失い，露光した部分の膜だけが現像液に溶けるようにな

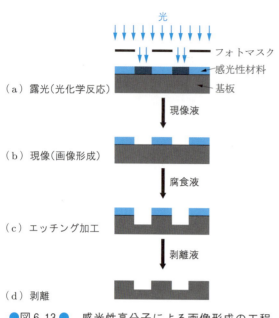

● 図6.13 ● 感光性高分子による画像形成の工程（ポジ型）

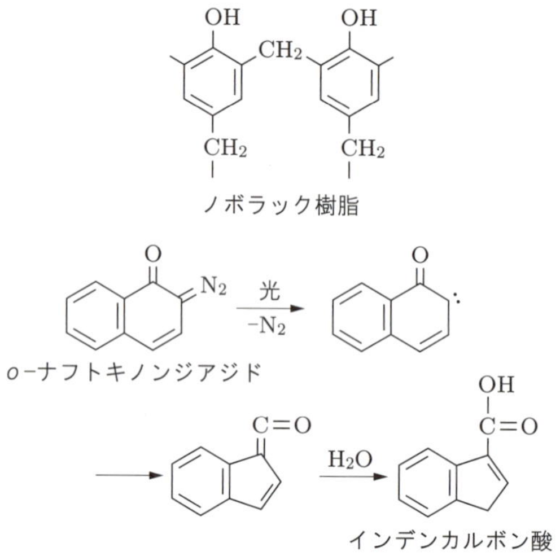

● 図6.14 ● ノボラック樹脂の構造式と o-ナフトキノンジアジドの光分解

現在では，より微細な回路（100 nm 以下の線幅）を転写するために，ノボラック樹脂より優れた透明性をもつ材料の開発や，感光剤（フェノール樹脂の溶解を防止する o-ナフトキノンジアジド類など）を用いる代わりに，光によって高分子鎖から特定の分子を遊離させ，その分子を触媒として連鎖的に分解反応を起こさせる化学増幅系レジストの開発などが進められている．

Coffee Break

バイオミメティック材料（生体模倣材料）

　生物がもつ優れた機能を人工的に再現しようとする試みから，数多くの機能性材料が生み出されている．たとえば，ヤモリの足に学んだ接着材料，蓮の葉に学んだ超撥水材料，蝶やタマムシに学んだ構造色材料などである．このように，生物の機能に学び，それを活用することにより開発された材料は，バイオミメティク（biomimetic）材料とよばれている．

　カメラの基本的な原理は，人間が光を感じる仕組みと同じであり，ともに光を感じ取って記録する部品（感光材料）が必要である．眼での感光材料にあたるものは，図6.15に示すレチナール（ビタミンA）という物質である．レチナール中の二重結合の一部がシス型からトランス型に変わることにより，周囲のタンパク質の構造変化を引き起こし，光が来たという情報を次々と神経細胞に伝えているのである．

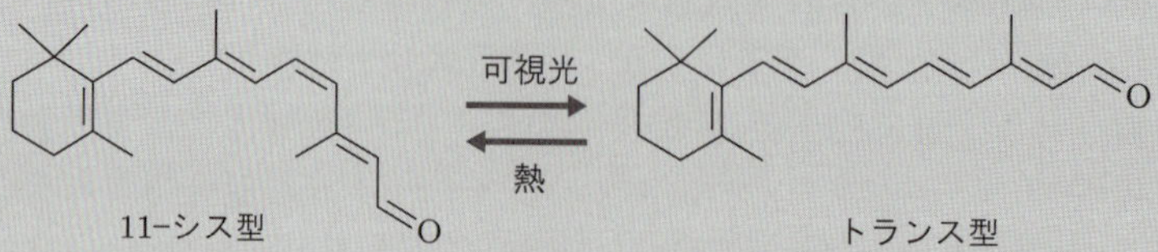

● 図6.15 ● レチナールのシス−トランス光異性化反応

6.4 感温性材料

コーヒーに砂糖を入れるとき，アイスコーヒーとホットコーヒーでは砂糖の溶解性に違いがみられ，ホットコーヒーのほうが速やかに溶ける．これは，水に対する砂糖の溶解度が，温度が高いほど大きくなるからである．図6.16に，さまざまな有機化合物（砂糖，尿素，グリシン）を水に溶かしたときの溶解度曲線を示す．このように，固体の溶解度は，温度が高くなるほど大きくなる傾向を示す（水酸化カルシウムのように，温度が高いほど水に対する溶解度が小さくなる物質もある）．

図6.17には，高分子（ポリエチレングリコール）の水に対する溶解度曲線を示す．高分子化合物も，低分子化合物と同じように，温度が高くなるほど溶解度は大きくなることがわかる．しかし，高分子の中には，低温では水に溶解しているため透明な溶液であるが，温度を上げていくと突然水に溶けなくなり，系全体が白濁する性質を示すものがある（図6.18参照）．このように，温度に対して"不連続に"溶解性が変化する高分子のことを，感温性高分子（thermosensitive polymer）という．表6.4に，代表的な感温性高分子のモノマー単位と，単独共重合体の相転移温度（phase transition temperature）（溶解-不溶の境の温度）の値を示す．ポリマーの種類により，相転移温度は0℃から100℃の間で変化することがみてとれる．

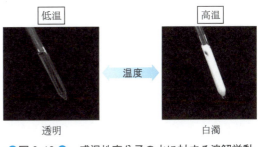

●図6.18● 感温性高分子の水に対する溶解挙動

6.4.1 感温性はどのような機構で発現するのか

水に溶けている高分子が，温度上昇にともない突然水に溶けなくなるのはなぜだろうか．ここで大切なことは，「物質が水に溶けるという現象」をきちんと理解することである．たとえば，砂糖が水に溶けるのは，水分子により砂糖の分子の結びつきが切られて，分子がバラバラの状態になるからである（図6.19参照）．高分子が溶解する際も，現象は低分子と同じであり，高分子の集合体が水分子によりバラバラに解きほぐされることにより，高分子は水に溶ける．溶解した高分子の鎖は，図6.20のように水分子で取り囲まれている．このように，水分子と溶質が分子レベルで相互作用していることを水和（hydration）という．

水和について，低分子アルコールであるエタノールと水を混合したときを例にしてさらに詳しく見てみよう．

エタノール分子は，エチル基（-CH$_2$CH$_3$）とヒドロキシ基（-OH）をもつ化合物である．この分子を水の中に入れると，極性基であるヒドロキシ

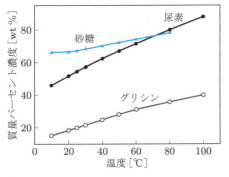

●図6.16● さまざまな有機化合物の溶解度曲線

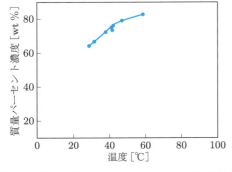

●図6.17● ポリエチレングリコールの溶解度曲線

■ 表 6.4 ■ 代表的な感温性高分子のモノマー単位と相転移温度

ポリエチレンオキシド (poly(ethylene oxide))	ポリビニルメチルエーテル (poly(vinyl methyl ether))	ポリ N-イソプロピルアクリルアミド (poly(N-isopropylacrylamide))
$-(CH_2-CH_2-O)_n-$	$-(CH_2-CH)_n-$ $\|$ O $\|$ CH_3	$-(CH_2-CH)_n-$ $\|$ $C=O$ $\|$ NH $\|$ CH $/\ \backslash$ $CH_3\ CH_3$
96 ℃	37 ℃	31 ℃
ポリ N-アクリロイルピロリジン (poly(N-acryloylpyrrolidine))	ポリ N-アクリロイルピペリジン (poly(N-acryloylpiperidine))	ヒドロキシプロピルセルロース (hydroxypropylcellulose)
50 ℃	5 ℃	40 ℃

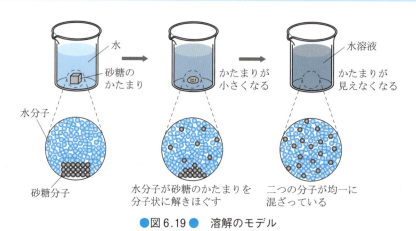

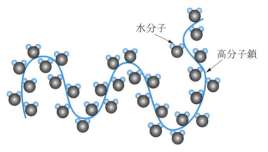

● 図 6.19 ● 溶解のモデル

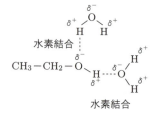

● 図 6.20 ● 溶解している高分子鎖の状態　　● 図 6.21 ● 水分子とエタノール分子との相互作用

基は，δ^+の電荷を帯びた水素原子（ヒドロキシ基のH原子）とδ^-の電荷を帯びた酸素原子（ヒドロキシ基のO原子）に分極するため，水分子とエタノール分子が，水素結合（hydrogen bond）により図6.21のように相互作用する（これが水和である）．一方，極性が低いエチル基は分極の程度が弱いため，水分子と水素結合することができない．それでは，エチル基の周りにある水分子はどのような形態で存在しているのだろうか．水に溶けにくい物質（疎水性物質）の近傍に存在する水分子は，その物質との接触をできるだけ減らそうとして，図6.22のような特殊な集合体（クラスター）を形成している．この水和の形態を疎水性水和（hydrophobic hydration）という．疎水性水和している水分子は，分子運動が極端に抑制されているので，エントロピーは小さくなる．一方，水分子どうしはお互いに水素結合をしているため，エンタルピーは有利にはたらく．結果として，エントロピー減少にともなう自由エネルギーの増加が抑えられ，疎水性水和の状態は安定に存在できることになる．

ここで，モノマー単位あたりに一つ疎水性部位をもつ感温性高分子を考えよう（図6.24）．低温で水に溶けているこの鎖は，溶液中ではランダムコイル鎖に近い形で存在している（第3章参照）．たとえば，重合度100の高分子では，1本の鎖の中に疎水性水和している部位を100箇所もつことになる．これらの分子はすべてつながっているため，100個の疎水性部位は協同的にブラウン運動する．そのため，疎水性水和が維持できなくなるまで水溶液の温度を上げていくと，協同的に運動している疎水性部位が集まり，図6.25のようにコンパクトな構造に変化する（コイル-グロビュール転移（coil-globule transition））．一方，低分子の場合，温度上昇にともない分子の熱運動が飛躍的に高くなり，疎水性部位どうしの強い会合が起こらないため，相溶状態が維持される．このように，感温性が生じるのは，高分子が巨大分子であることに起因している．

再度，表6.4の感温性を示す高分子の構造式をよく観察してみよう．いずれの分子も一つのモノマー単位内に，疎水部と親水部の両方をもってい

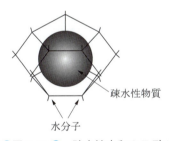

●図6.22● 疎水性水和のモデル

感温性の発現には，この疎水性水和が重要な役割を果たしている．分子の運動性は温度が上がると大きくなるため，温度上昇にともない水素結合は切断されやすくなる．そのため，水分子間の水素結合により安定化されていた疎水性水和はエンタルピー的にもエントロピー的にも不利な状態となり，疎水性物質の近傍に存在していた水分子は疎水性物質から離れ，疎水性相互作用（hydrophobic interaction）により疎水性物質の会合が起こる（図6.23参照）．

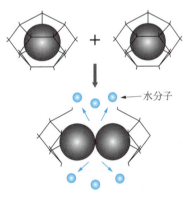

●図6.23● 疎水性相互作用のモデル

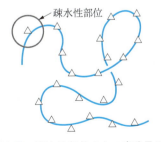

●図6.24● 疎水性部位をもつ高分子の模式図

る．たとえば，ポリ（N-イソプロピルアクリルアミド）を例にとると，図 6.26 のように，親水部としてアミド部位，疎水部としてイソプロピル部位が存在する．相転移温度は，親水部と疎水部のバランスにより，ある程度制御可能であり，疎水性相互作用が強いほど相転移温度は低くなる．したがって，親水部と疎水部のバランスを考えて一次構造の分子設計を行えば，望みの相転移温度をもつ感温性高分子を合成することができる．

ここでは，温度という外部刺激により高分子鎖のコンホメーションが不連続に変化する例について紹介した．一次構造を設計することにより，温度に限らず，さまざまな外部刺激（光やpHなど）に応答する機能性高分子を容易に作ることができる．

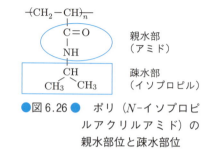

●図 6.26 ● ポリ（N-イソプロピルアクリルアミド）の親水部位と疎水部位

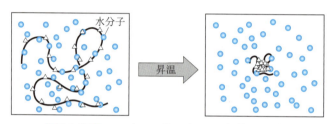

●図 6.25 ● コイル-グロビュール転移のモデル

例題 6.3 表 6.4 のポリ（N-イソプロピルアクリルアミド）の構造式を参考にして，以下の (a)〜(c) の感温性ポリマーの構造式を書け．
(a) ポリ（N-プロピルアクリルアミド）　　(b) ポリ（N-エチルアクリルアミド）
(c) ポリ（N-エチルメタクリルアミド）
また，(a)〜(c) のポリマーの相転移温度を高い順に並べよ．

解答　図 6.27 が，答えの構造式である．相転移温度は，親水部と疎水部のバランスにより決まり，親水部の構造が同じときには，疎水性相互作用が強い官能基をもつポリマーほど温度は低下する．ここで取り上げたポリマーはいずれも，アクリルアミド骨格のため親水部はアミド基である．一方，疎水部はいずれもアルキル基であり，(a) プロピル基，(b) エチル基，(c) エチル基とメチル基となっている．アルキル基の疎水性相互作用は炭素鎖が長いほど強くなるので，メチル基，エチル基，プロピル基の順に相互作用は強くなる．よって，相転移温度が高い順に並べると，(b)，(c)，(a) となる．実際，これらのポリマーの相転移温度は，(a) 21.5 ℃，(b) 72.0 ℃，(c) 50.0 ℃である．

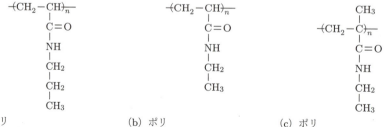

●図 6.27 ● ポリマーの構造式

たとえば，6.3節で紹介したシス-トランス光異性化反応を示すアゾベンゼンを側鎖にもつ高分子鎖の広がりは，トランス体に比べてシス体では小さくなる．その結果，シス体の高分子溶液はサラサラとなる．一方，トランス体では，鎖が広がっているため粘性のある溶液となる．また，pHに応答して可溶-不溶化する安息香酸を側鎖にもつ高分子は，pH 5 付近で多くのカルボキシル基が脱プロトン化して鎖が負の電荷をもつため，感温性高分子と同様に可溶-不溶転移を起こす（図6.28 参照）．

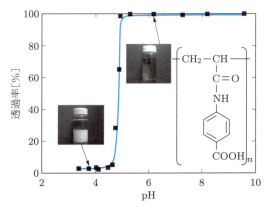

● 図6.28 ● 透過率の pH 依存性（安息香酸部位を側鎖にもつ高分子溶液）

6.4.2 感温性材料の応用例

感温性高分子により材料表面をコーティングすると，その表面の性質は感温性高分子鎖の温度による構造変化（コイル-グロビュール転移）にともない，相転移温度以下では親水性，相転移温度以上では疎水性となる（図6.29 参照）．このように，材料表面の親疎水性が温度により制御できることを利用して実用化された商品例を，以下に紹介する．

ポリスチレンシャーレなどの疎水性表面上で細胞培養を行うと，細胞は増殖して細胞-細胞間のネットワークを形成し，シート状の構造体となる．構造体をシャーレから剥がすと，再生医療に利用できる細胞シートが得られる．細胞シートの回収には通常，タンパク質分解酵素が用いられている．しかし，この酵素は，細胞シートとシャーレ間の結合を切断するだけでなく，シート内の細胞-細胞間の結合も切断してしまうため，きれいな細胞シートが得られないという問題があった．そこで，感温性高分子でコーティングされた材料表面での培養が検討されている．相転移温度以上の疎水性表面で細胞培養を行い，その後，温度を下げてシャーレの表面特性を親水性に変えると，細胞と基材との相互作用が弱くなるため，細胞をシート状の形態で回収することが可能となる（図6.30 参照）．このように，感温性高分子でコーティングされた表面で細胞培養を行うことにより，従来技術のように酵素処理を必要とせず，培養温度を変えるだけで細胞シートを回収することができるようになった．

つぎに，コロイド粒子（colloidal particle）の表面を感温性高分子でコーティングした微粒子材料

● 図6.29 ● 感温性高分子鎖の材料表面における形態変化

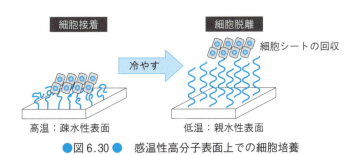

● 図6.30 ● 感温性高分子表面上での細胞培養

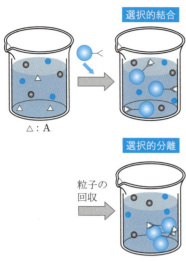

●図 6.31● 生体関連物質のコロイド粒子による選択的分離

について紹介する．酵素，抗体，DNA などの生体分子（biomolecule）が固定化された粒子（粒子の大きさは数百 nm 程度）は，診断用や分離用の担体として，バイオテクノロジーの分野で利用されている．分離用担体としては，水に溶けているさまざまな生体関連物質のうち，特定の物質（A とする）を選択的に回収する方法があげられる．生体関連物質が溶けている溶液中に A と特異的に結合する分子を固定化した粒子を加えると，粒子表面に A のみが選択的に結合するため，この粒子を回収すれば A を溶液中から選択的に分離することが可能となる（図 6.31 参照）．通常，粒子の回収は遠心力により行われているが，磁性体を封入した粒子を用いれば，粒子を磁力で簡単に集めることができる．しかし，粒子の大きさが小さくなると（100 nm 以下），粒子 1 個あたりの磁性が弱まり，かつ，ブラウン運動が激しくなることから，磁石による分離が極めて困難になる．

この問題点を克服するために，磁性体を封入した 100 nm 程度の粒子表面を，感温性高分子でコーティングした材料が開発されている．感温性高分子の相転移温度を境に鎖がコイル－グロビュール転移を起こすのにともない，粒子の分散安定性は図 6.32 のように大きく変化する．すなわち，相転移温度以下では，高分子鎖は水和状態にあるため，粒子は良好な分散安定性を示し，望みの物質を特異的に集めることができる．その後，系内の温度を上げると，高分子鎖の脱水和により，粒子の安定性が著しく低下して粒子が凝集し，大きな会合体となるため，磁力で分離できるようになる．この粒子を用いた分離精製プロセスを図 6.33 に示す．

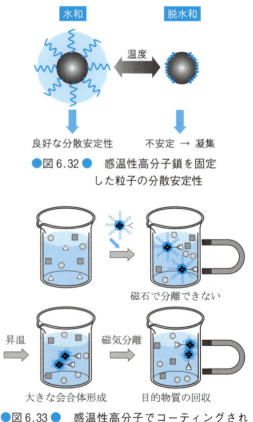

●図 6.32● 感温性高分子鎖を固定した粒子の分散安定性

●図 6.33● 感温性高分子でコーティングされた磁気粒子による分離精製プロセス

6.5 高吸水性材料

乾燥した脱脂綿を水の中に入れて引き上げてみると，脱脂綿はある程度の水を含んでいることが観察できる．脱脂綿に限らず，ティッシュペーパーやウレタン製のスポンジなども，水をよく吸収する．しかし，これらの材料の吸水能は，それ自身の重量の数倍から多くても数十倍くらいである（実際に確かめてみるとよい）．しかも，外から圧力を加えると（軽く搾れば），その水は簡単に外へ出てしまう．

一方，ここで取り上げる高吸水性材料（super-absorbent polymer）は，それ自身の重さの数百倍から数千倍という大きい吸水能力をもち，少々の外圧を加えても水が外へ出ないという性質をもっている．

図6.34に，高吸水性高分子（三洋化成工業のサンフレッシュST-500D）と脱脂綿を，ねじ口瓶に0.1gずつ測り取り，その中に水10gを加え容器を逆さまにしたときのようすを示す．脱脂綿では10gの水をすべて吸収することができないため，脱脂綿の外に吸収されなかった水の存在が確認できる．一方，高吸水性高分子では，10gの水をすべて吸収し溶液が固まったため，ねじ口瓶を逆さまにしても液体が流れ落ちてこないことがわかる．

それでは，どのような一次構造をもつ高分子化合物が，高吸水性材料となり得るのだろうか．高分子が水を大量に吸収するためには，高分子と水が強く相互作用する必要がある．水分子は，図6.21に示したように極性分子である（分極している）ことから，酸素や窒素などの電気陰性度が大きい元素を含む高分子（すなわち，極性をもつ高分子）とは相互作用できると考えられる．これまでに開発されてきた高吸水性高分子の構造式を表6.5に示す．いずれの高分子の一次構造も，電気陰性度が大きい酸素原子を含んでいることがみてとれる．

市場では現在，吸水特性とコスト面からポリアクリル酸塩系の高分子が高吸水性材料としておもに使用されている．しかし，高吸水性という機能を発現するためには，ポリアクリル酸ナトリウムの一次構造をもつだけでは十分ではなく，ポリアクリル酸ナトリウムを三次元的に架橋する必要がある．すなわち，高吸水性材料を得るためには，高分子鎖の一次構造だけでなく高次構造の設計が

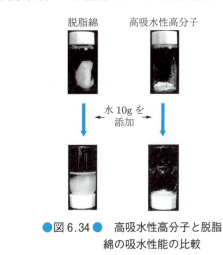

● 図6.34 ● 高吸水性高分子と脱脂綿の吸水性能の比較

■ 表6.5 ■ これまでに開発されてきた高吸水性高分子

ポリアクリル酸塩系	ポリビニルアルコール系	セルロース系
ポリアクリル酸ナトリウム (poly(acrylic acid sodium salt)) $-(CH_2-CH)_n-$ 側鎖: $C=O$, ONa	ポリビニルアルコール (poly(vinyl alcohol)) $-(CH_2-CH)_n-$ 側鎖: OH	カルボキシメチルセルロースナトリウム (carboxymethylcellulose sodium salt) R=H または CH_2COONa

極めて重要となる．

　高分子鎖が三次元的に架橋された構造は**ゲル**とよばれており，ゲルは，高分子・溶媒・架橋点から構成されている（図6.35参照）．ゲルの物性は，これらの構成要素を変えることにより，自由自在に制御することができる．たとえば，架橋密度を高くすれば，鎖を引き伸ばすことが難しくなるので，「かたい」ゲルが得られ，低くすれば「やわらかい」ゲルが得られる（図6.36参照）．また，構成要素に基づいてゲルの分類は行われており，架橋点の種類で分類した場合には，**化学ゲル**（chemical gel）と**物理ゲル**（physical gel）に分けられる．化学ゲルは，架橋点が共有結合で構成されているため，いったん形成された架橋点は容易には切断されない．一方，物理ゲルは，水素結合，イオン性相互作用，高分子鎖の絡み合いなどの非共有結合性の比較的弱い相互作用により架橋点が形成されるので，加熱などによりそれらの架橋点は切れる．このようにゲルは，固体の「架橋された高分子」と液体の「溶媒」を必ずもつことから，

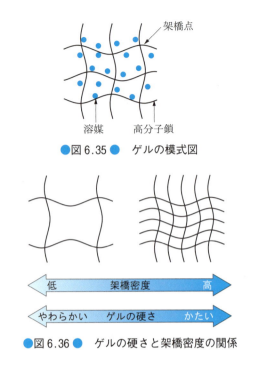

●図6.35● ゲルの模式図

●図6.36● ゲルの硬さと架橋密度の関係

固体と液体の中間の物質形態を示すと考えられている（流動性のない液体や液体を含む固体を想像してみよう）．

例題 6.4　アジピン酸（HOOC-(CH$_2$)$_4$-COOH）を，(a) グリセリン，(b) 1,4-ブタンジオール，(c) ペンタエリスリトール，(d) ヘキサメチレンジアミンとそれぞれ反応させたとき，三次元架橋構造が得られるものはどれか．

(a) CH$_2$OH–CHOH–CH$_2$OH
(b) HO–(CH$_2$)$_4$–OH
(c) HOCH$_2$–C(CH$_2$OH)$_2$–CH$_2$OH
(d) H$_2$N–(CH$_2$)$_4$–NH$_2$

解答　アジピン酸は，官能基（カルボキシ基）を二つもつ2官能性モノマーである．2官能性モノマーどうしの反応からは線状ポリマーが得られ，高分子鎖間を架橋する反応は起こらない．したがって，ヒドロキシ基を二つもつ (b) や，アミノ基を二つもつ (d) は，ともに2官能性モノマーであるため，アジピン酸と反応させてもゲルにはならない．架橋反応が起こるためには，2官能性モノマーと3官能性以上のモノマーを反応させる必要がある．ここで，(a) のグリセリンは3官能性モノマー，(c) のペンタエリスリトールは4官能性モノマーであることから，アジピン酸と反応させると，エステル結合を介して三次元網目構造を形成する．

6.5.1　吸水機構

　ここでは，「液体を保持できる」という性質をもつ高吸水性材料（ゲル）の吸水機構について詳しくみてみよう．

　高吸水性材料の最大の特徴は，高分子鎖が橋かけしたゲル状の構造であるという点である（**高次**

構造の重要性）．このゲルがどの程度水を吸収するかは，以下に示すゲルにはたらく力のバランスによって説明できる．内容が少し高度になるが，順に一つひとつ，その力をみてみよう．

① 高分子鎖のゴム弾性による圧力
② 網目高分子と溶媒の相互作用による圧力
③ 網目高分子のもつ対イオンによる圧力
④ 網目高分子と溶媒の混合エントロピーによる圧力

（a） 高分子鎖のゴム弾性による圧力（3.1節と4.3節参照）

溶液中の理想的な孤立高分子鎖（この場合，高分子鎖と溶媒の間に相互作用ははたらかない）を引き伸ばすと，鎖の取り得る形態数（コンホメーション）が減少するため，形態数を増加させようとする力，すなわちエントロピー弾性（ゴム弾性）がはたらく．鎖の取り得る形態数の減少は，鎖を縮めたときにも起こるため，縮めると元の状態に戻ろうとして鎖が伸びる方向に力がはたらく（図6.37参照）．まさに，ばねの復元力と同じことが高分子鎖においても起こる．ゲルを構成している高分子鎖にもゴム弾性がはたらくことから，溶媒がゲル内に侵入して鎖が引き伸ばされると，膨潤を抑えようとする力がはたらく．

（b） 高分子鎖と溶媒の相互作用による圧力

ゲルの網目を構成している高分子鎖は，ほかの高分子鎖，あるいは，ゲル内の溶媒分子と相互作用する．ここで，高分子鎖どうしの相互作用に比べて，高分子-溶媒間の相互作用のほうが強ければ（図6.38（a）参照），ゲルの網目の中に溶媒が入ってくるので，ゲルは膨らむ．一方，高分子鎖どうしの相互作用のほうが強ければ（図（b）参照），溶媒はゲル内部から押し出されるため，ゲルは縮む．

（c） 対イオンによる圧力（ドナン平衡による浸透圧）

イオン化しているゲルにはたらく力である．ゲル内の高分子鎖がイオン性基をもつと，ゲル全体の電荷をゼロにしようとして，固定イオン性基と反対電荷の対イオンがゲル内に入ってくる．その結果，対イオンの濃度はゲル内部のほうが外部より高くなり，濃度勾配を生じるため，対イオンはゲルの外へ拡散しようとする．しかし，対イオンは，ゲル内の固定電荷によりゲルの外に拡散できない．その結果，ゲル内と外で対イオンの濃度差ができるため，これをできるだけ減らそうとして外部から水が流入し，ゲルは膨らむ（図6.39参照）．

（d） 混合のエントロピーによる圧力

溶媒と溶質を混合すると，混合前よりも溶媒と溶質の取り得る場合の数は増加する．すなわち，エントロピー増大の法則により，溶媒と溶質は自

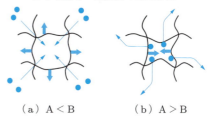

●図6.38● 高分子鎖と溶媒の親和性に由来する圧力

●図6.37● ゴム弾性のメカニズム

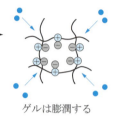

●図 6.39● 対イオンに由来する圧力

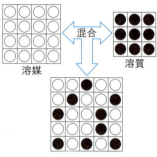

●図 6.40● 混合エントロピーに由来する圧力

発的に混合しようとする．図 6.40 の格子モデルを使うと，エントロピーが増加することを容易に確認できる．格子の各点の中には溶媒分子 1 個あるいは大きさがそれと等しい溶質分子 1 個が入っている．たとえば，16 個の溶媒分子と 9 個の溶質分子（溶媒分子と同じ低分子化合物とする）を 25 個の格子点に配列する仕方の総数 W は，溶媒分子あるいは溶質分子どうしは互いに区別できないから，次式で表される．

$$W = \frac{25!}{16!\,9!} = 2042975 \fallingdotseq 2.0 \times 10^6$$

これは，混合前の配列方法が 1 通りしかない状態に比べて飛躍的に多い．溶質が高分子鎖の場合，取り得る場合の数は低分子に比べて減少するが，混合前よりは増えるので，結果として混合によりエントロピーは増加する．したがって，ゲルが膨潤する方向に力がはたらく．

ゲルにかかる圧力は，以上の四つの圧力の和により定義できる（イオン性基をもたないものは，③を考慮する必要がない）．ここで，定性的な側面から溶媒を吸収しやすい材料について考えてみると，ゲルを膨潤させるためには，以下の性質をもつ高分子を作製すればよいことがわかる．

① 高分子 - 溶媒間の相互作用が強い
② 高分子鎖が多くのイオン性基をもっている

ポリアクリル酸系の高分子は，分子内に酸素分子を含むために極性分子となり，溶媒である水との相互作用が強い．また，イオン性基として多くのカルボキシ基をもっている．したがって，非常に多くの水を吸収できるのである．

しかし，ポリアクリル酸系高分子ゲルは，海水をはじめとする金属イオンを含む電解質水溶液に対しては吸水力が低下することが知られている．これは，ゲル内外の濃度差が小さくなることにより説明できる．

Coffee Break

人工イクラ

豆腐，こんにゃく，ヨーグルト，寒天ゲルなど，私たちはゲル状の形態で数多くの食品を味わっている．ここでは，天然では高価なイクラを，食感はそのままで人工的に再現しようという試みについて紹介する．天然イクラの皮膜はコラーゲンからなっているが，図 6.41 に示す人工イクラは，安定供給を目的として，アルギン酸ナトリウムがゲル化剤に選ばれている．アルギン酸ナトリウムの水溶液をスポイトなどにより塩化カルシウムの水溶液中に滴下すると，アルギン酸ナトリウムは瞬間的にかたまり，球状のゲルが得られる．得られたゲルは，適度な硬さをもっているが，力をかけると容易につぶれ，濃度などの条件を変えるだけで簡単に食感を変えることもできる．現在，人工イクラは業務用として流通している．このように，ゲルは私たちの暮らしに深く関わっていることがわかる．おいしい食品の開発にもゲルの力が必要なのである．

●図 6.41● 人工イクラ

演・習・問・題・6

6.1
ネガ型フォトレジストに用いられる感光性高分子の性質と具体例をあげよ．また，ネガ型の画像形成工程について説明せよ．

6.2
感温性高分子の相転移温度はモノマー単位の分子構造を変えるだけでなく，共重合化することによっても制御できる．N-イソプロピルアクリルアミド（NIPAM）と (a) アクリルアミド，また は，(b) メタクリル酸ブチルを，95：5 の物質量比で重合した．以下の設問に答えよ．ただし，重合はランダムに進行し，共重合体の組成比は仕込み通りとする．
(1) 得られたポリマーの構造式を示せ．
(2) 共重合体の相転移温度は，NIPAM ホモポリマーと比べて高くなるか，低くなるか，変わらないか．その理由も答えよ．

第7章 高分子材料の使用例

本書の総集章に高分子材料の具体的な使用例を産業別に取り上げた。その特徴の一つは，身近な高分子製品を中心に写真による目で見る高分子材料とした点にある。さらに，高分子材料の化学構造式と物性の基本データ，および特性と応用が枠内の図にまとめられているので，6章までの各章の学習の際にも合わせて利用することをお勧めしたい。どのような分子構造の高分子材料が，どういう理由で，どの部位に使用されているか。学生諸君が，卒業後，製品開発に携わる際のヒントにもなれば幸いである。

KEY WORD

ポリエチレン	ポリプロピレン	ポリ塩化ビニル	ポリスチレン	ポリカーボネート
メタクリル樹脂	ナイロン樹脂	熱可塑性樹脂	熱硬化性樹脂	合成繊維
合成ゴム				

7.1 自動車への使用例

車両重量の低減は，自動車の燃費を向上させる極めて有効な手法である。重量を100 kg減少させると燃費は約1 km/L改善されるため，自動車メーカーは金属部品のプラスチック化による軽量化を進めている。材料にプラスチックを用いると，1回の射出成形で完成品が得られるので，製造コストの低減など二次的効果も大きい。自動車工業会の調査によると，2001年の普通・小型自動車におけるプラスチックの使用量は，重量で8.2%に達している。その後もプラスチックの使用料は増え続けており，現在では15%を超えていると推定される（図7.1参照）。

7.1.1 バンパー

乗用車のバンパーは，フロント，リアともにポリプロピレン（PP）を主体とした材料からできている（図7.2参照）。プロピレンの重合は，ナッタ[*1]により，チーグラー触媒を改良したチーグラー・ナッタ触媒を用いて，1954年にはじめて達成された。しかも，世界初の立体規則性高分子，アイソタクチックポリプロピレンの誕生となった。

PPの耐候性と強度の改善のため，PPに紫外線吸収剤とフィラーが少量加えられる。PPは安価であり，汎用プラスチックの中で最も軽いプラスチックであることから，自動車メーカーはプラスチック材料をPPに特化する傾向にある。プラスチック化によりバンパーをボディとデザイン的

[*1] G. Natta（1903～1979），ミラノ工科大学教授，モンテカチーニ化学会社コンサルタント．1963年，チーグラーとともにノーベル化学賞を受賞．

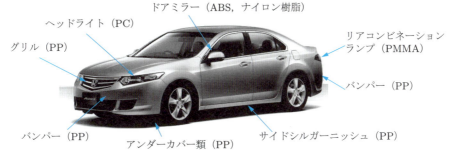

●図 7.1● 高分子材料の自動車外装へのおもな使用例（提供：本田技研工業㈱・青木修氏）

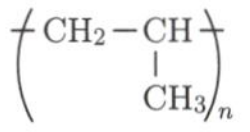

ポリプロピレン
Polypropylene (PP)
分子量≒40000 ～ 300000

結晶化度 60 ～ 95%
T_g=−20 ～ −10℃
T_m=160 ～ 170℃
密度 0.90 ～ 0.91 g/cm^3

特性：軽量，高い融点，良好なリサイクル性，優れたヒンジ特性
用途：1. 射出成形品 58%（バンパー，ポリバケツ，洗面器，水切りバット，換気扇の羽根，洗濯槽，ビール箱，道具箱，楽器ケース，筆箱）
2. フィルム製品 20%（パンの包装，クリヤーファイル）
3. 押出成形品 10%（ファイル，ストロー）
4. 繊維 4%（自動車のフロアーカーペット）

●図 7.2● ポリプロピレン（PP）

ポリカーボネート（ポリカ）
Polycarbonate (PC)
分子量=15000～35000

結晶化度 0%
T_g=145℃
密度 1.20 g/cm^3
衝撃強度（アイゾット・ノッチ付）
750 J/m
光線透過率 90%

特性：耐衝撃性，透明性，耐熱性，クリープ特性，寸法安定性
用途：自動車ヘッドランプレンズ，同カバー，CD，DVD，携帯電話筐体，ヘルメット，保護メガネ，カメラ部品材料

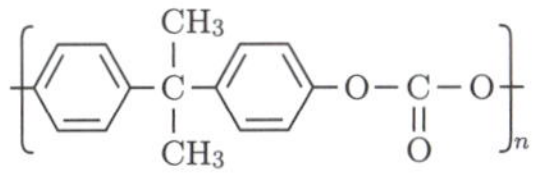

●図 7.4● ポリカーボネート（PC）

に一体化することができるので，空力特性の向上による燃費の改善につながっている．

PP は，射出成形により寸法安定性のよい製品に加工できるうえにリサイクル性がよく，再生工程を経て，新車のバンパー（図 7.3 参照）やほかの PP 製品に再利用される．

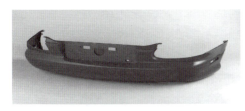

●図 7.3● バンパー（PP）

7.1.2 ヘッドライト

一見，無機ガラスのように見える自動車のヘッドライトは，ポリカーボネート（PC）からできている（図 7.4，7.5 参照）．

PC は光透過性がよいうえに，耐熱性が高く，かつ耐衝撃性が極めて良好であり，石が当たっても割れることはない．これが，フロントランプのカバーやレンズに PC が採用される理由である．

●図 7.5● ヘッドライト（PC）

7.1.3 テールランプ

アクリル樹脂またはメタクリル樹脂と一般によばれているポリメタクリル酸メチル（PMMA）は，プラスチックの中でもっとも高い光線透過率をもち，プラスチックの女王とよばれる（図 7.6 参照）．ポリカーボネートと比べて耐衝撃性に劣るものの，PMMA は着色の自由度が高いため，ストップランプや方向指示器等からなるリアーコンビネーションランプ（テールランプ）に使用される（図 7.7 参照）．

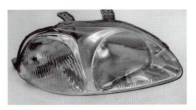

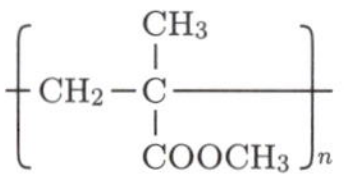

●図 7.6● ポリメタクリル酸メチル（PMMA）

結晶化度 0%
$T_g = 105℃$
密度 1.19 g/cm³
光線透過率 93%
衝撃強度 15～26 J/m
（アイゾット，ノッチ付）

Poly(methyl methacrylate)
メタクリル樹脂（PMMA）
分子量＝100000～1300000
特性：高い透明性，優れた耐候性
用途：プラスチック光ファイバー，コンタクトレンズ，眼内レンズ，胃カメラ，CD 用ピックアップレンズ，液晶用バックライトレンズ，水族館の大型水槽，定規，自動車のテールランプ，照明カバー，飛行機の窓

●図 7.7● テールランプ（PMMA）
（提供：㈱クラレ）

7.1.4 インストルメントパネル

インストルメントパネル（インパネ）には，速度計などのメータ類，カーナビ，グローブボックスなどが組み込まれ，運転者と最も接点の多い部位である（図 7.8 参照）．以前は，インパネの部材にエンボス加工がしやすく，絞りデザインの面から商品性の高い軟質塩化ビニル（soft PVC）が多く用いられていた．しかし，使用済み自動車のリサイクル法などの動向から，現在では，インパネ材料はポリプロピレン（PP）を中心としたポリオレフィン系の材料がおもに使用されている．PP は，軽量で安価であることに加えて，リサイクル性がよいことから採用されている．同じ理由で，センターコンソールやグローブボックスなどの自動車の室内で使われるプラスチックのほとんどが PP に統合する傾向にある．さらに，フロアーカーペットも PP の繊維からできており，軽量で濡れにくい．

7.1.5 エンジンルーム内[*2]

自動車のボンネットを開けると，エンジンをはじめエアークリーナー，ディストリビューター，ラジエーターなどの部品がところ狭しと詰まっている（図 7.9 参照）．

●図 7.9● エンジンルーム

この中には，一見すると金属のように見えるが，実はプラスチックからできている製品がある．たとえば，エンジンの最上部のシリンダーヘッドカバーは，ナイロン 66 を 30% のガラス繊維（GF）で強化し，剛性を高めた複合材料からできており，

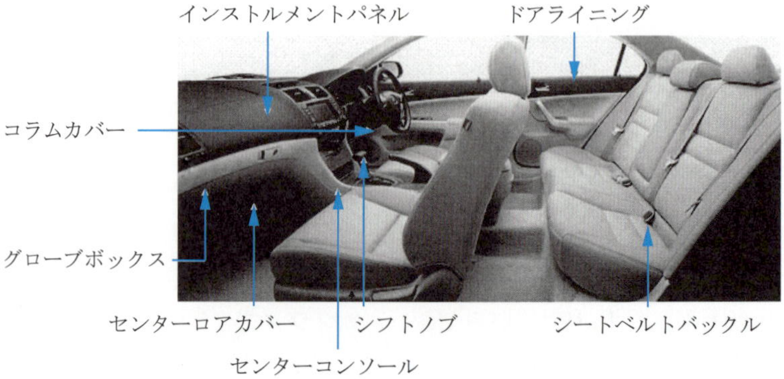

●図 7.8● プラスチックの自動車室内へのおもな使用個所
（提供：本田技研工業㈱・青木修氏）

インストルメントパネル／ドアライニング／コラムカバー／グローブボックス／センターロアカバー／シフトノブ／センターコンソール／シートベルトバックル

---

*2 エンジンルーム内は，エンジンから発せられる熱で平均的に 80～100 ℃ に，局所的には 120 ℃ の温度になる．

●図7.10● エンジンのシリンダーヘッドカバー（GF 強化 PA66）

●図7.13● エアーインテークマニホールド（GF 強化 PA6）（提供：宇部興産㈱）

```
─(CH₂)₆─NHCO─(CH₂)₄─CONH─ₙ    結晶化度 30～35%
                                 Tg＝57℃
Nylon 66 (NY66), Polyamide 66 (PA66)   Tm＝260℃
Poly (hexamethyleneadipamide)     荷重たわみ温度 182℃
分子量＝23000～69000              密度 1.14 g/cm³

特性：耐熱性，耐油性，耐摩擦磨耗特性，ガスバリア性
用途：自動車部品（シリンダーヘッドカバー，ラジエータータンク
等），電動工具ハウジング材，食品包装フィルム
```

●図7.11● ナイロン66（PA66）

従来の金属部品に対して約 40% の軽量化とエンジン音の 5～10 デシベルの低減とが達成されている（図 7.10, 7.11 参照）．ラジエータータンクは，以前は真鍮の組立て品からできており，さびを防止するため黒い塗装が施されていたが，現在では GF 強化ナイロン 66 からできている．プラスチック化によりラジエータータンクは吹込み成形（ブロー成形ともいう）による 1 工程で完成品が得られるので，製造工程でのコストダウンと軽量化が同時に達成された（図 7.12 参照）．

7.1.6 ガソリンタンク

最近の自動車のガソリンタンクは，金属ではなく高密度ポリエチレン（HDPE）を主体としたプラスチック（plastic fuel tank）からできている．従来の金属製に対して 20% の軽量化が達成される．樹脂化によるさらなるメリットとして，成形の自由度がある．床下や座席の背後などの余った空間を利用して，できるだけガソリンタンクの容量を大きくするためには，タンクの形状は必然的に複雑になる（図 7.14 参照）．金属を用いた圧延加工と溶接で作るのは，工程も複雑になるだけでなく限界がある．ガソリンの蒸散規制強化にも対応できない．成形性と密閉性に優れたさびない樹脂タンクが採用される理由である．

タンク材料の基本構成は，ガソリンの蒸発逸散を抑えるためガスバリヤー性の高いエチレン－ビニルアルコール共重合体（EVOH）を中間層に配置して，これを耐油性が非常に高い HDPE で両側からサイドウィッチする三層構造となっている（図 7.15, 7.16 参照）．

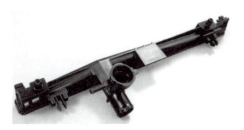

●図7.12● ラジエータータンク（GF 強化 PA66）（提供：㈱デンソー）

図 7.13 に空気をエンジンの各シリンダーへ導く配管部のエアーインテークマニホールドを示す．これには，GF 強化 PA6 が用いられており，従来のアルミ製に比べて約 50% の軽量化が達成されている．

●図7.14● ガソリンタンク（HDPE/EVOH/HDPE の三層構造）（提供：㈱クラレ）

$\left(\text{CH}_2-\text{CH}_2\right)_n$

高密度ポリエチレン（HDPE）
High-density polyethylene

結晶化度 60〜80%
$T_g = -120℃$
$T_m = 120〜140℃$
密度 0.931〜0.965 g/cm³
分子量 = 20000〜250000

特性：耐水性，耐溶剤性，耐薬品性，優れた高周波特性
用途：通信用ケーブル，ガソリンタンク，ドラム缶，フィルム（レジ袋）

● 図 7.15 ● 高密度ポリエチレン（HDPE）

$\left(\text{CH}_2-\text{CH}_2\right)_m\left(\begin{array}{c}\text{CH}_2-\text{CH}\\|\\\text{OH}\end{array}\right)_n$

ポリ（エチレン/ビニルアルコール）共重合体

特性：高い気体遮断性，耐薬品性

● 図 7.16 ● EVOH 樹脂

HDPE は，チーグラー[*3] により，1953 年に四塩化チタンとトリエチルアルミニウムを触媒に用いて，世界ではじめて常圧で合成されたポリマーである．

7.1.7 タイヤ

ベンツがガソリン自動車を開発した3年後の1888年に，イギリスの獣医，ダンロップが牛の腹にガスがたまって膨れているのにヒントを得て，空気入りタイヤを発明した．この発明により，自動車の乗り心地はそれまでのソリッドタイヤと比べて著しく改善された．現在の自動車のタイヤは，路面と接触するトレッド部には，天然ゴムよりも耐摩耗性に優れたスチレンブタジエンゴム（SBR）が使われており，タイヤの内側のゴム（インナーライナー）やチューブには，ガスバリヤー性に優れたブチルゴム（IIR）が使われている（図 7.17〜7.19 参照）．ゴムは，ガスケットやブーツ類などのタイヤ以外にも多くの部品に使われ，自動車を支える重要なはたらきをしている．

ラジアルタイヤのベルト層に，スチールに替わりパラ系アラミドを使用するタイヤが増えている（5.4.2 項参照）．ゴムとの接着性がよいうえに，スチールコードを 5 kg 使用するところを，パラ

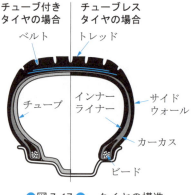

● 図 7.17 ● タイヤの構造

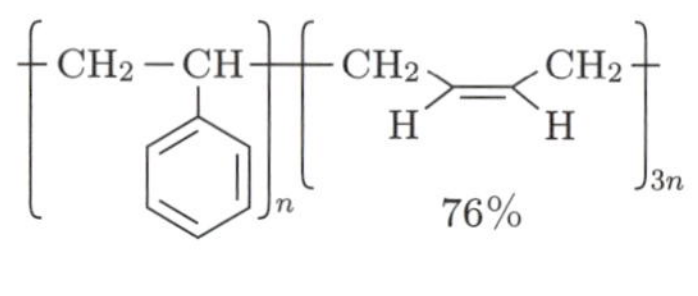

● 図 7.18 ● スチレンブタジエンゴム（SBR）

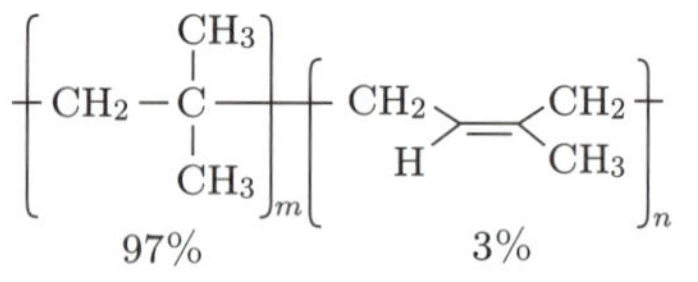

● 図 7.19 ● ブチルゴム（IIR）

系アラミドでは 1 kg ですむ．タイヤの軽量化は，燃費の節約と乗り心地の向上を同時にもたらすことができる．

7.1.8 ブレーキ

ブレーキは，自動車を安全に走行するために極めて大切な制動装置である．乗用車の前輪はディスクブレーキ，後輪はドラムブレーキが採用されおり，レジンパットおよびライニングとそれぞれよばれる摩擦材には，発がん性の問題から使用禁止になったアスベストに代わって，主材料のパラ系アラミド繊維を 30〜40% のフェノール樹脂で固めた複合材料が使われている．（図 5.48，図 5.

[*3] K. Ziegler（1898〜1973）マックスプランク研究所所長，後にハイデルベルク大学教授．高密度ポリエチレンの合成に成功．触媒を用いる重合の基礎的研究で，ナッタとともにノーベル化学賞（1963 年）を受賞．

49，図 7.20 参照）．

パラ系アラミドの採用理由は，車輪とともに回転する金属製のディスクを挟み，ドラムを抑えつけることができる高い強度をもち，かつブレーキをかけたときに発生する摩擦熱に耐える優れた熱安定性をもつ点にある．

7.2 電気分野への使用例

7.2.1 コンセント，スイッチ，ブレーカー

電気製品と高分子材料のかかわりは深い．電気の通るところに必ず絶縁材料が必要になるからである．アメリカの大学教授，ベークランド博士が人類初の合成樹脂，ベークライト®（Bakelite 社，現 UCC 社）を発明した 1907 年にその歴史を遡ることができる．ベークライト®は，当時，急成長をしてきた電気産業に必須の電気絶縁材料として迎えられた．以来，100 年を経た現在でも，ブレーカーや，トランスなど高電圧のかかる部位の絶縁材料や自動車のブレーキ摩擦材をはじめ種々の分野で，フェノール樹脂は重要な役割を果たしている（図 7.20，7.21 参照）．

フェノール樹脂（phenolic resins）はベークライト®の一般名であり，フェノールとホルムアルデヒドとから合成される三次元網状高分子である．成形原料には，両モノマーを酸触下で反応されて得られる分子量が 500〜1000 のノボラックとよばれるプレポリマーまたは塩基触媒下に生成する分子量が，100〜300 のレゾールとよばれるプレポリマーが，それぞれ用いられる．後者では，レゾールは，図 2.22 に示す圧縮成形機で 150〜200 ℃に加熱されると，化学反応を起こして分子構造が三次元化するため，流動能を失って固体化する．これがフェノール樹脂であり，**熱硬化性樹脂**（thermosetting resins）の一つである．ユリア（尿素）樹脂，メラミン樹脂などがこれに属する（図 7.22 参照）．

熱による反応で硬化した樹脂は，三次元網目状高分子であるため，再び熱を加えてももはや軟らかくもならなければ融解もせず，耐熱性が良好である．三次元化しているので，この樹脂は寸法安定性にも優れ，さらにいかなる溶媒にも不溶であ

Phenolic resin，ベークライト®
3 次元網状高分子（図は 2 次元で記載）
特性：不溶（耐溶剤性），不融（耐熱性），電気絶縁性，耐高電圧，寸法安定性
用途：ブレーカー，スイッチ，トランス，摩擦材（ブレーキ），取手（フライパン，鍋，釜），熱器具部品（トースター等）

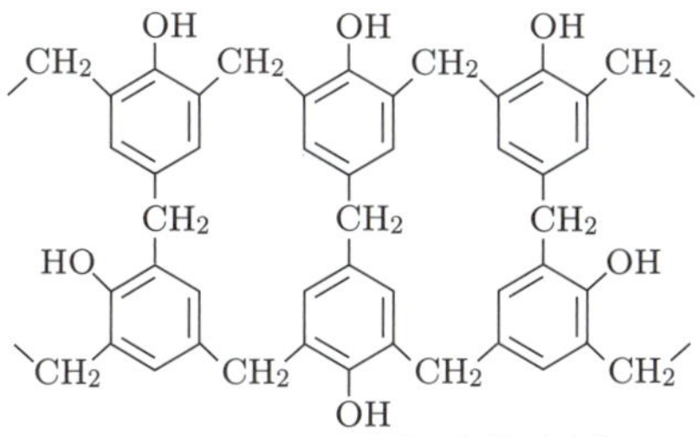

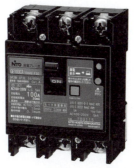

●図 7.20● フェノール樹脂（ベークライト®）

●図 7.21● 漏電ブレーカー（フェノール樹脂）（提供：日東工業㈱）

Urea resin，尿素樹脂
三次元網状高分子（図は二次元で記載）
特性：電気絶縁性，耐トラッキング性，不融（耐熱性），不溶（耐溶剤性），寸法安定性
用途：コンセント，スイッチ，タップ，汁椀，ボタン

●図 7.22● ユリア樹脂（尿素樹脂）

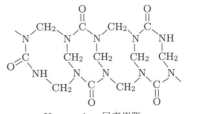

る．また，三次元網目状高分子は，電気絶縁性や耐トラッキング性*4 に優れていることから，スイッチ，コンセントなどの配線器具にはなくてはならない材料である（図 7.23 参照）．

一方，電話回線やアンテナ線などの通信用ケーブル用の被覆材料には，ポリエチレン（PE）がロスヘッドの金型を付けた押出成形機を用いて行われる．

（a）コンセント　　（b）スイッチ

● 図 7.23 ●　ユリア樹脂の使用例
（提供：パナソニック㈱）

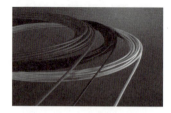

● 図 7.25 ●　ビニール電線（芯：銅，被覆材：PVC）（提供：日立電線㈱）

7.2.2　電線被覆材料

電線の被覆材料には，電気絶縁性だけでなく自己消火性が求められる．この条件を満たす汎用プラスチック*5 はポリ塩化ビニル（poly（vinyl chloride），PVC）である（図 7.24 参照）．

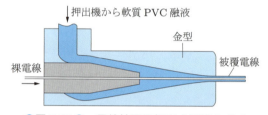

● 図 7.26 ●　電線被覆用押出成形機のダイ
[Z. Tadmor, C. G. Gogos, "Principles of Polymer Processing", Wiley（1979）より転載]

```
 ┌CH₂─CH┐         結晶化度：数%
 │   │  │n        Tg＝70〜85℃
 │   Cl │         Tm＝分解
 └      ┘         分解温度 150〜250℃
 Poly(vinyl chloride)(PVC)  密度 1.40 g/cm³（硬質）
 分子量＝31000〜250000         1.20 g/cm³（軟質）
 特性：耐候性が良好，自己消化性，ガスバリヤー性良好，
       可塑剤の添加量により硬質から軟質まで
```

● 図 7.24 ●　ポリ塩化ビニル（PVC）

```
 ┌CH₂─CH₂┐n      結晶性高分子
 └        ┘       分子量＝20000〜250000
 Polyethylene (PE)  Tg＝－120℃
```

略号	密度 [g/cm³]	結晶化度 [%]	T_m [℃]
LDPE	0.91〜0.93	40〜50	100〜115
LLDPE	0.92〜0.94	50〜60	106〜122
HDPE	0.94〜0.97	60〜80	120〜140

LDPE：低密度ポリエチレン，LLDPE：直鎖状低密度ポリエチレン，HDPE：高密度ポリエチレン

● 図 7.27 ●　ポリエチレン（PE）の密度による分類

PVC は硬いポリマーであるので，電線被覆用途にはこれに柔軟性を付与するため，可塑剤（plasticizer）*6 を配合した軟質塩化ビニル樹脂（soft vinyl chloride resin）が使用されている（図 7.25）．ビニールコード，ビニール電線，ビニールテープなどのビニールは，ポリ塩化ビニルの名称に由来している．

軟質 PVC の銅線への被覆は，図 7.26 に示すク

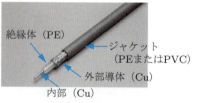

● 図 7.28 ●　高周波同軸ケーブル
（提供：㈱フジクラ）

---

*4　トラッキング現象：電源プラグの二本の刃の間にたまった埃に湿気が加わるとプラスチック面に電流が流れ，その熱で炭化して導電路が形成される現象．発火の危険をともなう．
*5　ポリエチレン，ポリプロピレン，ポリ塩化ビニル，ポリスチレンを 4 大汎用プラスチックという．
*6　可塑剤：プラスチックに柔軟性や可塑性を与えるために加えられる物質．ジオクチルフタラート（DOP）が PVC の代表的な可塑剤である．

使用される．ポリエチレンは無極性高分子であり，交流電場をかけても応答する基をもたないため，優れた高周波特性を示す（図7.27，7.28参照）．

7.2.3 プリント配線板，IC封止材

携帯電話をはじめ，エアコン，洗濯機，テレビ，扇風機などの電気製品は，多機能化して非常に便利である．その頭脳をつかさどる電気回路はプリント回路板からできている（図7.29（b）参照）．

これは，銅箔が樹脂で固定化されたプリント配線板（図7.29（a），図7.30参照）に，ICをはじめ，マイコン，コンデンサー，抵抗などの部品を実装したものである．

基板となる樹脂には，電気絶縁性に加えてはんだ耐熱性[*7]や，寸法安定性（銅と膨張係数に近い材料が好ましい）が要求される．表7.1に，リジットプリント配線板の構造をまとめて示す．

片面板では，紙にフェノール樹脂を塗布して，銅箔をプレスすると同時に加熱して作られる紙フェノールが，両面板から8層までの多面板では，ガラス繊維を補強材に用いたエポキシ樹脂（ガラスエポキシ）が使用される（図7.31参照）．一方，6層以上の多層板にはガラスポリイミドが用いられる（図7.32参照）．

● 図7.30 ● 両面プリント配線板
（提供：㈱オンテック・田中弘文氏）

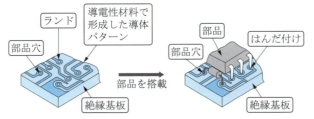

● 図7.29 ● プリント配線板とプリント回路板 ［田中弘文：トランジスタ技術，2003（6月号），p.123, CQ出版より転載］

■表7.1■ リジットプリント配線板の構造，用途，および基板材料
［吉田泰彦ら：『高分子材料化学』，三共出版（2001）より転載］

構造		おもな用途		使用基板材料
片面板		テレビ エアコン ステレオ	冷蔵庫 時計 計測器	紙フェノール ↓
両面板		高級VTR ビデオカメラ 計測器	POS ファクシミリ 自動車用電子機器	ガラスエポキシ ↓
多層板	3～8層	パソコン ワープロ シーケンサ	NC機器 通信機 半導体テストボード	
	10層以上	大型コンピュータ 防衛機器	通信機	ガラスポリイミド

*7 はんだ付けは，220～230℃以上の電気炉中，1分間以上の熱処理を行うリフローはんだとよばれる方法で行われる．鉛フリー化の動向から，処理温度は高くなる傾向にある．

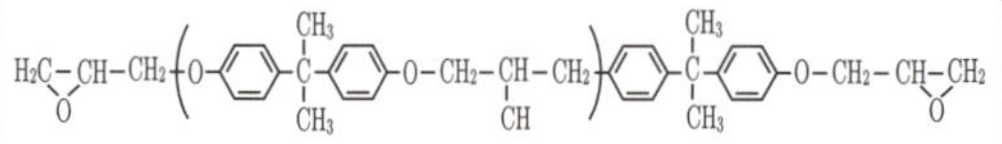

●図 7.31● エポキシ樹脂の原料

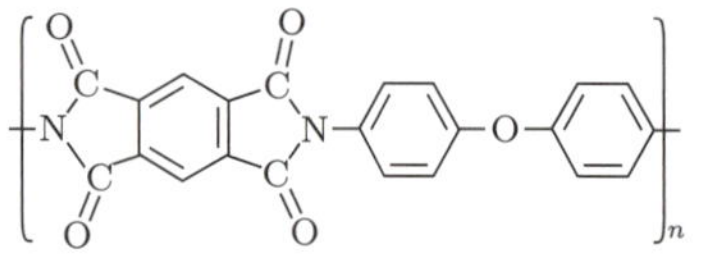

●図 7.32● ポリイミド（PI）

非晶性高分子
$T_g=420℃$
$T_m=None$
密度 1.42 g/cm^3
$T=350 \text{ MPa}$
$E=3.5 \text{ GPa}$

Poly(4, 4′-oxyphenylene pyromellitimide), カプトン® (Du Pont)
特性：超耐熱性，優れた電気特性，耐薬品性，力学特性，柔軟性
用途：FPC基板フィルム，電線ワニス，熱および放射線遮蔽フィルム

●図 7.33● 32GB メモリ LSI
（提供：㈱東芝）

●図 7.34● 半導体封止用エポキシ樹脂
（提供：住友ベークライト㈱）

回路のライン幅は，集積回路（IC）では，10 μm，超解像システムの技術を用いる LSI ではナノメートルサイズと極めて微細となる．これを，水分や埃，そして物理的な接触から守るために半導体チップは樹脂で封止される（図 7.33 参照）．

この封止材には，耐熱性，寸法安定性の観点からエポキシ樹脂が用いられる（図 7.34 参照）．なお，エポキシ樹脂の硬化時の収縮を抑えるために，封止材にシリカ SiO_2 の粉末が加えられている．

一方，極めて薄く，自在に曲げることができるフレキシブルプリント配線板（flexible print circuit, FPC）の基板材料には，柔軟性をもつポリイミドのフィルムが使用されている（図 7.34 参照）．FPC は，カメラのような狭く限られた空間に搭載する電気回路や，プリンターのヘッドのように繰り返して曲げられる可動部の配線に好適である（図 7.35 参照）．ポリイミドは電気製品の小型化，高信頼化，そして高性能化を達成する必須の材料になっている（5.3.5 参照）．

●図 7.35● フレキシブルプリント配線板
（資料提供：日本メクトロン㈱）

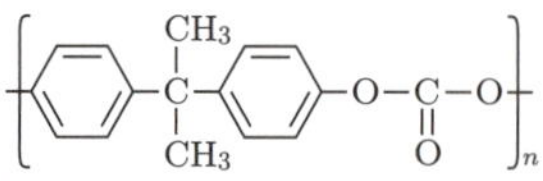

非晶性高分子
$T_g=150℃$
密度 1.23 g/cm^3
光線透過率 90%
衝撃強度（アイゾット・ノッチ付）
750 J/m, 66～88 kg·cm/cm

Polycarbonate（PC）
分子量＝15000〜35000

特性：高い光透過性，耐衝撃性，耐熱性，クリープ特性
用途：自動車ヘッドランプレンズ，CD，DVD，携帯電話筐体，ヘルメット，保護メガネ

●図 7.36● ポリカーボネート（PC）

7.2.4 CD, DVD, ピックアップレンズ

現在では，情報や音声の記録媒体にコンパクトディスク（CD）が多く用いられている．映像と音声の記憶媒体であるビデオテープもまた，DVD やブルーレイディスク（BD）へ消費者の買い替えが急速に進行した．ポリカーボネート（PC）は，CD，DVD，BD といった光ディスク用の基板材料に使われている高性能プラスチックで

●図 7.37● CD, DVD, BD

ある（図7.36, 7.37参照）．

PCは，光透過性が良好であり，かつ耐衝撃性が極めて高いため，薄いディスクに成形しても割れることはない．CDなどの光ディスク上に記録されたデジタル信号は，ピックアップレンズにより非接触で読み取られるので，テープやレコードのような情報の劣化がない．プレーヤーからCDやDVDを取り出したときに見える小さな窓の奥にあるピックアップレンズは，精確な情報の読み取りを求められるため，歪曲収差などを除去する必要がある．以前は，3〜4枚の無機ガラス製の球面レンズから構成されていたが，現在では，アクリル樹脂（PMMA）からできたわずか1枚の非球面レンズでその役割を果たしている．図7.38は，焦点距離4.5 mmのCD用ピックアップレンズで，最大直径は4.7 mmと超小型である．

7.2.5 光ファイバー

高速通信の時代を迎えて，石英光ファイバーが長距離伝送用に，プラスチック光ファイバー（plastic optical fiber, POF）が短距離伝送用にそれぞれ使われている．

POFの素材には，光透過性に優れていることで知られるPMMAの高純度品を芯材（コアー材）とし，これを屈折率の小さなフッ素系プラスチックからできた薄い鞘材（クラッド）で取り囲んだ2重構造で構成されている（図7.39参照）．石英光ファイバーに比べて，POFは加工性がよく，取り扱いやすい利点をもつ．

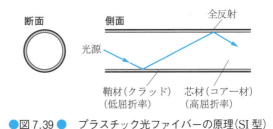

●図7.39● プラスチック光ファイバーの原理（SI型）

●図7.38● アクリル樹脂性CD用ピックアップレンズ（資料提供：コニカミノルタオプト㈱）

7.3 医療分野への使用例

7.3.1 眼内レンズ

濁ってしまった水晶体を摘出して，その代わりに透明なアクリル樹脂の人工水晶体（眼内レンズ）を入れる画期的な白内障の治療法が確立している（図7.40参照）．

日本では，年間100万件近い白内障の手術が行われ，もとどおりに近い視力が得られている．眼内レンズの材料は，戦闘機の風防と同じ素材のポリメタクリル酸メチル（PMMA）からできている．この治療法は，第二次世界大戦の際，英国の戦闘機の風防（アクリルの有機ガラス製）に敵弾が当たり，飛散したアクリル片が生還したパイロットの眼球に入ったまま，数十年，何らの病変を生じないことにヒントを得て開発された．

7.3.2 コンタクトレンズ

コンタクトレンズは，角膜に涙の層を介して接触させて使うため，眼鏡と比べて見える範囲が広

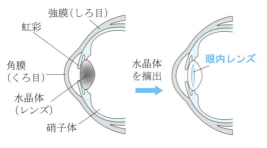

●図7.40● 眼内レンズ（PMMA）

く，像が実際の大きさと同じに見えるなどの利点がある（図7.41参照）．

この材料には，安全性の観点から，無機ガラスではなく有機ガラスが使われる．その材質により，ハードコンタクトレンズとソフトコンタクトレンズがある．前者には，ポリメタクリル酸メチル（PMMA）が，後者には，水で膨潤する分子構造をもつポリメタクリル酸2-ヒドロキシエチル（PHEMA）やポリビニルピロリドンが用いられる（図7.42，7.43参照）．ハードコンタクトレンズは，試験管の形をした容器中でモノマーのメタクリル酸メチル（MMA）の塊状重合[*8]により製造した円柱状のメタクリル樹脂の棒を円盤状に切り出し，これを切削加工，研磨して作られる．ソフトコンタクトレンズは，重合液を回転する型の中に入れて遠心力を利用しながら重合するスピンキャスト法で作られる．一方，使い捨てのコンタクトレンズは，鋳型の中で重合を行うキャストモールド法で作られる．

7.3.3 人工透析

腎臓は，血液中の尿素やクレアチニンをはじめとする老廃物を尿として排出するとともに，タン

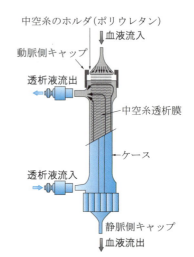

● 図7.41 ● コンタクトレンズ
（提供：アイミー（株））

● 図7.42 ● ハードコンタクトレンズの材料

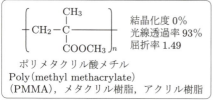

● 図7.43 ● ソフトコンタクトレンズの材料

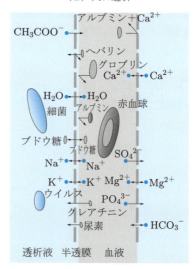

● 図7.44 ● 透析の原理と人工透析［酒井清孝：『バイオメディカル・エンジニアリング入門』，ニュートンプレス（1999）より転載］

[*8] 塊状重合（bulk polymerization）：モノマーに開始剤を溶かして加熱するだけの，最も簡単なラジカル重合によるポリマーの製造法である．重合初期に生成するポリマーは，モノマーに溶けているが，重合が進むにつれてモノマーはポリマーに変化するので，最終的に重合系はバルク状固体になる．ポリマーの取出しと重合熱の除去が難しいが，厚板の有機ガラス（PMMA）の製造に用いられる注型重合がこれに属する．

パク質のような有用な物質を血液中に戻すはたらきをする，極めて大切な器官である．人工透析の透析膜には，天然高分子のセルロースがおもに使われている（図7.51参照）．

腎臓のはたらきが低下する慢性腎不全の患者のうち，日本では約27万人が人工透析を受けている（図7.44）．血液を直径が約0.20 mmという細いセルロース製の中空糸，約1万本（長さ約30 cm）からなる人工透析器に通す治療を週に3回，それぞれ4～5時間受けることにより，通常の仕事や勉強が可能になる．

7.3.4 人工関節

高齢化社会を迎えて，関節の痛みを抱える患者が増えている．軟骨が磨り減る変形性膝関節症の治療法には，ヒアルロン酸とよばれる高分子溶液の注射と鎮痛消炎薬（湿布または内服薬）を併用する方法が一般にとられる（節末のCoffee Break参照）．

しかし，関節炎やリウマチなどによって軟骨の磨耗が激しく，非常に痛む場合には手術が必要になる．手術では，損傷した骨の表面と軟骨を取り除き，これを図7.45に示すように金属の部品（大腿骨側）とプラスチックの部品（脛骨側）でできた人工関節が挿入される．関節は，一日に平均で5500回も折り曲げられ，体重の3～6倍もの荷重がかかる部位である．このため，強度のみならず，自己潤滑性と耐摩耗性にとくに優れた超高分子量ポリエチレン（UHMWPE，分子量100万以上）が軟骨を代替する材料に用いられている

（図7.46参照）．UHMWPEは，分子量があまりにも大きいため，融けても流動化しない．そのため，成形は焼結によるプレス加工で行われるが，UHMWPE単独では融着界面で酸化が起こり破壊してしまう．そこで，この酸化による疲労破壊を抑えるために，ビタミンEがUHMWPEに添加されている．人工膝関節の手術をすれば痛みがなくなり，日常生活だけでなく，旅行や軽いスポーツもできるという．

一方，北海道大学の長田義仁教授のグループは，非常に強い高分子ゲルの開発に成功し，これを用いて超高分子量ポリエチレンよりさらに摩擦係数の小さな人工軟組織の開発を進めている．これは，人間の関節に限りなく近い，理想の人工関節をめざした研究である．

7.3.5 注射器

以前の注射器はガラス製で，注射針とともに医療現場で乾熱滅菌されてから繰り返し使用されていた．そのため，細菌感染やウイルス感染を完全に排除できなかった．現在，使われているディス

$+CH_2-CH_2+_n$

Ultra high-molecular weight polyethylene (UHMWPE)
分子量＝100万～700万

結晶化度 50～70%
$T_m = 136$℃
密度 0.94 g/cm³，
樹脂の引張強度：35～45 MPa

特性：優れた耐摩耗性，自己潤滑性，耐衝撃性，軽量
用途：人工関節，船舶の繋留ロープ

● 図7.46 ● 超高分子量ポリエチレン（UHMWPE）

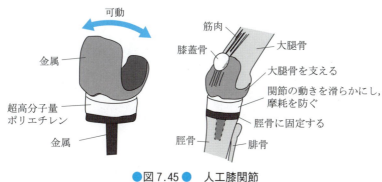

● 図7.45 ● 人工膝関節

ポーザブル注射器の材料構成を見ると，外筒とプランジャにはポリプロピレンが，ガスケットには熱可塑性エラストマーや加硫ゴムが使われている（図7.47参照）．

このように，ガラスからプラスチックに注射筒を変え，金属の注射針とともにディスポーザブル化することにより，工場での滅菌が可能となり，感染の心配がなくなった．

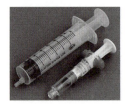

●図7.47● ディスポーザブル注射器
（ポリプロピレン製）

Coffee Break

関節液の主成分は？

私たちの体の中の，膝，股，肩などの関節を滑らかに動かすはたらきをしているのは，ヒアルロン酸とよばれる高分子物質（構造式を参照）である．その平均分子量は約800万，赤ちゃんでは1000万に達する超高分子量体で，粘張な粘弾性体である．関節液の量は，加齢により減少し，40歳では20歳のときの半分になる．

ヒアルロン酸の医療への使用は，膝軟骨の故障のため，引退直前に追い込まれた競走馬にヒアルロン酸を注入したところ，この馬がレースで優勝して話題になったことからはじまった．

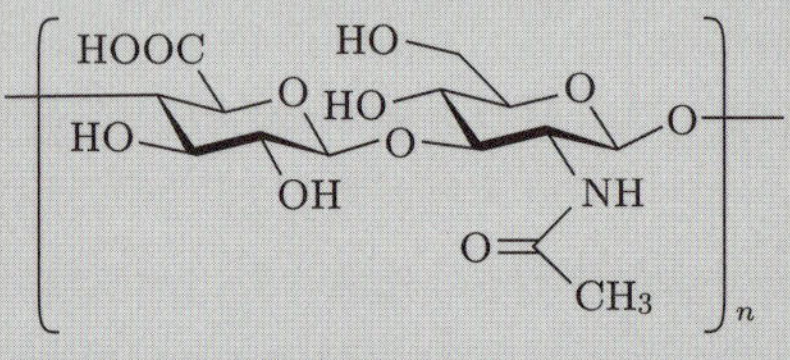

ヒアルロン酸（関節液の主成分）の構造式

7.4 文房具への使用例

7.4.1 定規

皆さんが毎日使っている文房具類には，高分子材料から作られた製品が多い．このなかから数例をあげてみる．定規や三角定規はアクリル樹脂（PMMA）からできている（図7.48参照）．このプラスチックは，透明でカット面がとくにきれいなため，プラスチックの女王とよばれている．

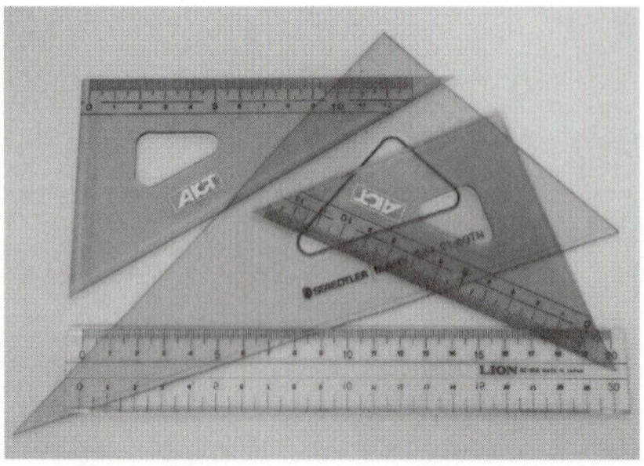

7.4.2 ファイル，筆箱

ポリプロピレン（PP）は，ファイルの表紙や筆箱などの材料に好適である（図7.49参照）．理由は，PPのヒンジ特性がよいためで，繰り返し折り曲げてもPP製ならば切れない．また，透明PP[*9]はクリアファイルにも用いられている．

●図7.48● アクリル樹脂製の文具

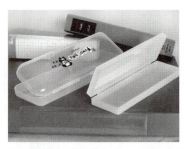

●図7.49● ポリプロピレン製の文具類

*9 透明PP：通常のポリプロピレンは半透明であるが，球晶の大きさを小さくすると透明になる．

7.4.3 消しゴム

消しゴムは，酸素の発見者であるプリーストリーの発明品である．彼は，紙に鉛筆で書いた字（黒鉛）をゴムでこする（rubbing）と消えることを見い出した（図7.50参照）．

このため，ゴムは<u>ラバー</u>（rubber）ともよばれる．しかし，皆さんが現在，使っている白い消しゴムには，天然ゴムは使われておらず，分子間力の非常に強いポリ塩化ビニル（PVC）というプラスチックが用いられている．このプラスチックに軟らかさを出すために，フタル酸ジオクチル（DOP）などの可塑剤と，白さを出すために炭酸カルシウムなどが配合されている．これをプラスチック消しゴム（plastic eraser）といい，日本のメーカーが世界に先駆けて開発した優れた商品である（表7.2参照）．

ノートや本は，天然高分子のセルロースからできている．これは，β-グルコース単位からできた結晶性高分子である（図7.51参照）．

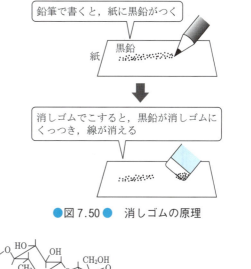

●図7.50● 消しゴムの原理

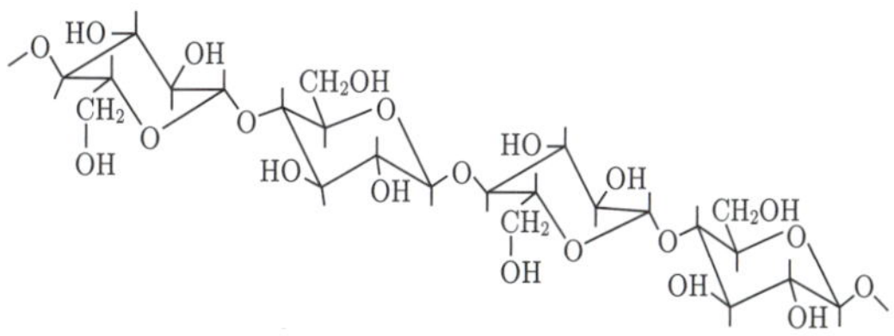

●図7.51● セルロースの分子構造

■表7.2■ 白い消しゴム（plastic eraser）の成分

構成	成分割合
プラスチック	35%（ポリ塩化ビニル）
可塑剤	45〜50%（DOP，DBP）
白色剤	20〜15%（炭酸カルシウム，ゼオライト）

7.5 衣料への使用例

7.5.1 ナイロン

衣食住という言葉からも理解できるように，人間にとって衣類は，食べ物や住居とともに欠かせないものである．寒い冬でも暑い夏でも，人間は衣服を着たり脱いだりすることで身体にいつも春をよび寄せることができる．ところで，合成繊維ができる以前には，繊維は非常に貴重なものであった．東洋でしか作ることできない絹は，昔から珍重され，しなやかでつややかな光沢をもつことから，繊維の女王とよばれていた．Du Pont 社のカローザス[*10] を中心とする研究者と技術者のグループは，シュタウディンガーが提唱した高分子の概念をいち早く取り入れて，絹に代わる世界初の合成繊維であるナイロン66の開発に成功し，1938年に上市した．1930年代から，アメリカでは女性の社会進出がはじまり，動きやすくするためにスカートの丈が短くなった．そのころ，女性の足を守り，きれいに見せるストッキングの材料には，日本から輸入した絹が使われていた．しかし，絹のストッキングには，伝線（ほころびがほ

[*10] W. H. Carothers（1896〜1937）高分子合成化学の創始者．イリノイ大学ならびにハーバート大学講師（有機化学 1924〜28），Du Pont 社研究部長（1928年），ネオプレンの発明（1931），ナイロンの発明（1935）．

かの部分に広がる）するという問題があった．強くて伝線しにくいナイロンのストッキングは，アメリカ女性の大きな人気をよび，これを買い求める人たちでデパートに長蛇の列ができたという．

ナイロン繊維は，原料にナイロン66またはナイロン6を用いて製造される（図7.52）．ナイロン66はシルクに近く，ナイロン6は木綿に近い肌触りであり，両者は用途により使いわけられる（図7.53参照）．

ナイロンは，ストッキングのほか，パラシュート，傘，鯉のぼり，バック，リュックなどに広く利用されている3大合成繊維の一つである（図7.52，7.53参照）．

$$\left[(CH_2)_6-NHCO-(CH_2)_4-CONH\right]_n \quad \left[(CH_2)_5-CONH\right]_n$$

ナイロン66　　　　　　　　　　ナイロン6
Poly（hexamethylene adipamide）　Poly（ε-caprolactam）
分子量＝10000〜20000　　　　　分子量＝14000〜20000
引張り強さ：6〜10 g/d　　　　　引張り強さ：5〜7 g/d
破断伸度：26〜32％　　　　　　破断伸度：25〜40％
密度 1.14 g/cm³　　　　　　　　 密度 1.13 g/cm³

●図7.52●　ナイロン繊維

●図7.53●　ナイロン66製のストッキング
（提供：㈱白鳩）

7.5.2　エステル

ポリエステル繊維は，生産量が最も多い合成繊維で，繊維製品品質表示法では，単にエステルと表示される．原料のポリエステルを製造する技術は，イギリスの小さな捺染会社に勤務するディクソンとウィンフィールドの二人の技師により，1941年に開発された．これから作られる繊維は，イギリスではテリレン®（ICI），アメリカではダクロン®（Du Pont社），そして，日本ではテトロン®（帝人，東レ）の商品名で知られる．エステルは，しわがつきにくく，かつ乾きやすいので，wash and wear 性がよく，忙しい現代生活に向いている．

エステルは，綿と混紡（エステル65％，綿35％）して，Yシャツ，作業衣，白衣などに広く用いられる．エステルを100％使用した製品には，女性のブラウスや人工スエードがある（図7.54参照）．

単にポリエステルといえば，ポリエチレンテレフタラート（PET）をさすが，東レの岡本らは，1970年にこれを用いて絹よりも細い直径2μmの極細繊維の開発に成功した（図7.55, 7.56参照）．極細繊維となるPETと，後で溶けてしまう成分からなる繊維で布を作り，その後，この成分を溶解除去して人工スエードが得られる．肌触りは鹿革のスエードそのもの，手触りはシルクの感触である．商品名はエクセーヌ®（東レ）といい，これは，絹（2〜4.5デニール）よりもずっと細く，

●図7.54●　人工スエードのコート
（エクセーヌ®（東レ））（提供：東レ㈱）

$$\left[CH_2-CH_2-O-\underset{\underset{O}{\|}}{C}-\underset{}{}-\underset{\underset{O}{\|}}{C}-O\right]$$

ポリエチレンテレフタラート
Polyethyleneterephthalate（PET）
分子量＝15000〜23000
一般名：ポリエステル
家庭用品品質表示法：エステル
商品名：テトロン®（帝人，東レ），ダクロン®（Du Pont）
特性：wash & wear 性
用途：繊維（ブラウス，Yシャツ，作業衣）

結晶性高分子
結晶化度：0〜80％
T_g＝67℃
T_m＝266℃
密度 1.38 g/cm³
引張り強度 4〜8 g/d
伸び率 10〜30％

●図7.55●　ポリエステル繊維

（a）溶解前

（b）溶解後

●図7.56●　極細繊維の作り方　[松原郁雄：繊維学会誌, 35, 30（1979）より転載]

0.01〜0.2 デニールという極めて細い単繊維が束状に絡み合った天然スエードのような布で，世界中のデザイナーから高い評価が得られている．極細繊維は，眼鏡拭きに使うと接触面積が広くなるため，汚れを効果的に取り去ることができ，好評を博している．

7.5.3 アクリル

アクリル繊維は保温性に優れ，天然繊維の羊毛によく似た性質をもつ合成繊維で，われわれが使用している毛布やジャージ，セーター，カーペットなどに使用されている．アクリル繊維に羊毛のもつ巻縮性を付与するため，羊毛のバイラテラル構造（図 7.57 参照）をまねて複合繊維にした製品が Du Pont 社のオーロンセイエル®（Orlon Sayelle®）であり，その紡糸装置のノズルの構造を図 7.58 に示す．ポリアクリロニトリル（A）とその共重合体（B）は，溶融紡糸機の口金部で接合されて複合繊維になる．これは，冷却時に両ポリマーの収縮率が異なるため，バイメタルのように曲がり，巻縮性に優れた繊維になる．

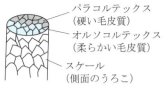

(a) バイラテラル構造

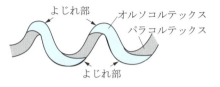

(b) 毛皮質の収縮率の違いが巻縮を引き起こす

●図 7.57● 羊毛のバイラテラル構造

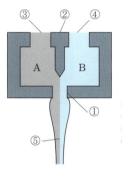

①：紡糸口金
②：セプタム
③，④：ポリマーAとBの入口
⑤：繊維

$$A: \{CH_2-CH\}_n \quad B: \{CH_2-CH\}-\{CH_2-CH\}_n$$
$$\quad\quad\quad |\quad\quad\quad\quad\quad\quad |\quad\quad\quad\quad\quad\quad |$$
$$\quad\quad\quad CN\quad\quad\quad\quad\quad CN\quad\quad\quad SO_3Na$$

●図 7.58● 複合繊維用紡糸口

7.6 その他の使用例

7.6.1 食品包装用ラップフィルム

酸化による腐敗をおさえるため，食品包装用フィルムには酸素ガスの遮断性が求められる．ハムやソーセージの包装に広く使われているフィルムは，ポリ塩化ビニリデン系のポリマーである（図 7.59 参照）．冷蔵庫や電子レンジで広く使用されている家庭用食品包装フィルムのクレラップ®（クレハ）や，サランラップ®（旭化成）の原料樹脂も，

$$\{CH_2-\underset{\underset{Cl}{|}}{\overset{\overset{Cl}{|}}{C}}\}_m\{CH_2-\underset{\underset{Cl}{|}}{CH}\}_n$$

m:n ≒ 85:15（ランダム共重合体）
Poly(vinylidene chloride) copolymer
クレラップ®（クレハ），サランラップ®（Dow）
特性：自己密着性，ガスバリヤー性良好
用途：食品包装用フィルム

●図 7.59● クレラップ® とサランラップ® の原料

●図 7.60● 家庭用ラップフィルム

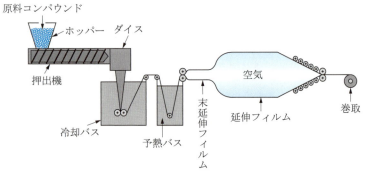

● 図 7.61 ● インフレーション法によるラップフィルムの製造工程図
(提供：㈱クレハ)

塩化ビニリデンと塩化ビニルの共重合体である（図7.60 参照）。その酸素ガス透過度は，55 cc/m²·day·atm であるのに対し，ポリエチレン製のラップフィルムのそれは，12000 cc/m²·day·atm である。このデータから，ポリ塩化ビニリデン系フィルムのガスバリヤー性の高さがうかがえる。フィルムの製造は，図 7.61 に示すインフレーション法により行われる。

一方，ポリエチレンからできた食品包装用ラップフィルムは，ガスバリヤー性が劣るものの塩素を含まないため，焼却しても塩化水素が発生しないので炉を傷めず，酸性雨の原因にもならず，環境にやさしい素材である。

7.6.2 家庭用品

プラススチックの洗面器や水切りバット，ボール，バケツ，ごみ箱などは，カラフルで錆びず，へこまず，かつ衛生的である（図 7.62 参照）。

これらの家庭用品は，金属製を探すのが難しいほどプラスチック化が進行した。浴室で使う撹拌棒や腰掛は，いずれもポリプロピレン（PP）を用いて射出成形により作られる。PP が用いられる理由は，安価で軽く，しかも融点が 170 ℃ と汎用プラスチックの中では最も高いためである（図 7.2 参照）。台所にある白色蠟状のまな板は，高密度ポリエチレンからできている。木のまな板と比べて細菌の巣になりにくく，衛生的であるため，家庭だけではなく，業務用としても使用されている。

浴槽は，木のお風呂からホーローの浴槽へ，さらに繊維強化プラスチック（FRP）へと変化し，最近では，人工大理石（おもにアクリル樹脂）が普及している。FRP 製の浴槽は一体成形が可能で，シャワーの使用をはじめ，ホテルなどでの快適な入浴を実現している。FRP は，ガラス繊維で強化したプラスチックのことで，これは，不飽和ポリエステルをスチレンに溶かして付加重合により架橋したものである。ボートや漁船も木製からFRP 製に変わって久しい（図 7.63 参照）。

(a) ポリプロピレン製

(b) ポリエチレン製

● 図 7.62 ● 各種プラスチック家庭用品 (提供（b）：積水化学工業㈱)

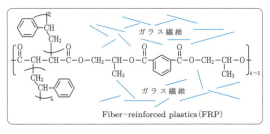

● 図 7.63 ● 繊維強化プラスチック（FRP）

7.6.3 人形

およそ100年前の人形は，セルロイド[*11]からできていた．これは，天然高分子のセルロースの硝酸エステルであり，ニトロセルロースを主成分とする材料である．セルロイドは，手に触れたときのしっとりとした感触が，いまも人々の心を捉え続けている（図7.64(a) 参照）．

一方，1967年の販売以来，長く女の子に愛され続けているリカちゃん人形®（タカラトミー）は，セルロイドではなく，種々の合成高分子材料からできている（図7.64(b)）．顔，頭，手は軟質PVC，胴体上部はABS，腰はPP，髪の毛はポリ塩化ビニリデンからそれぞれできている．足の部分はスチレン系熱可塑性弾性体（エラストマー）である．

そのため，セルロイドと違い，変形しても復元が容易で人間により近い動きができる．熱可塑性エラストマーで最も多く商業生産されているSBSは，軟らかい分子鎖であるポリブタジエン（分子量5～7万のソフトセグメント）の両端にハードセグメントのポリスチレン（分子量1～1.5万）が結合した分子構造をもつトリブロック共重合体 SSS～SSBBBBBBBB～BBBBBBBBSSS～SSS であり，ブタジエン（B）とスチレン（S）のアニオン共重合で製造されている．図7.65 に示すように，常温ではスチレンのブロックが分子間で凝集し，これが物理的な架橋点のはたらきをするため，SBSは，常温では優れたゴム弾性を示す．これを150～180℃くらいに加熱すると分子運動が激しくなり，スチレンブロックは動き出して可塑性を示すので，通常のプラスチックの成形機で製品を作ることができる．

7.6.4 プラモデル

プラスチック製の模型（プラモデル）が，ブリキのおもちゃや木製の模型に代わって1960年代から多くなり，模型といえばプラモデルをさすほ

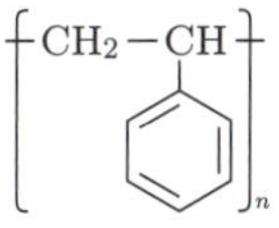

（a）セルロイド製　　（b）合成高分子製

●図7.64● 人形と高分子材料

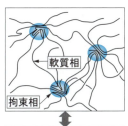

●図7.65● 熱可塑性エラストマー（小林俊昭：化学と工業，39, 524（1986）より転載）

●図7.66● ポリスチレン（PS）

$\left[\begin{array}{c}CH_2-CH\\ |\\ \bigcirc\end{array}\right]_n$

Polystyrene (PS)
分子量：15万～40万

非晶性高分子
結晶化度：0%
$T_g=100℃$
密度 1.06 g/cm³
$R=10^{17}～10^{19}\ \Omega \cdot cm$

特性：成形性良好，光透過性，電気絶縁性，安価，耐衝撃性に劣る
用途：透明ケース（CD, DVD, BD など），発泡体（トレイ），箸

●図7.67● プラモデル（提供：㈱タミヤ）

[*11] ニトロセルロースに可塑剤として樟脳を約3：1の割合で混ぜて作った世界初（1868）の熱可塑性樹脂．80～90℃に加熱して成形する．

どである．プラモデルに最も多く用いられている材料はポリスチレン（PS）である（図7.66参照）．ポリスチレンは，安価で成形しやすいので模型自動車のボディだけでなく，窓やヘッドライトにも使われている（図7.67参照）．これは，非晶性高分子のPSが透明であるためである．

 7.1　地中に埋めるガス管には，金属性（亜鉛めっきを施した鋼や鋳鉄）のガス管が，従来使用されてきたが，腐食によるガス漏れの問題を抱えていた．そこで，1982年にガス事業法が改正され，あるプラスチック管の使用が認可された．このガス管の材料に関するつぎの設問に答えよ．
(1) ガス管に用いられているプラスチックは何か．その名称と構造式を書け．
(2) (1)のプラスチックが採用されている理由をあげよ．

解答　(1) 高密度ポリエチレン（HDPE）
$$-\!(\mathrm{CH_2-CH_2})_n\!-$$

(2)
1．耐腐食性（錆びない，腐らない）
2．耐震性（柔軟性がある）
3．耐寒性（HDPEのT_g（$-120\,^\circ\mathrm{C}$）までこの軟らかさが維持される）
4．ガスバリア性（結晶性高分子なので気体を透過しにくい）
5．施工性（軽量であり作業員への負担が軽減，$T_m=120\sim140\,^\circ\mathrm{C}$で融着接合）
6．加工性（押出成形でパイプの製造容易）
7．安価（原料は150円/kg）

●図7.68●　ガス管設置現場

なお，1995年の阪神淡路大震災はガス管にも大きな被害をもたらした．ところが，この被害は金属製ガス管に集中し，ポリエチレン製ガス管の被害は皆無であった．これを契機にガス用ポリエチレン管の使用は一気に増え，金属からプラスチックへと代替されている（図7.68の都市ガスのガス管設置現場の写真参照）．

Coffee Break

プラスチックの王様と女王

プラスチックの国内生産量は，951万トン（2022年），そのうち生産量が最も多いのがポリエチレンで，プラスチックの王様とよばれる（表7.3参照）．生産量の上位四つを4大汎用プラスチックという．

ちなみに，プラスチックの女王は，メタクリル樹脂ともよばれ，光透過性に最も優れ，美しい外観をもつポリメタクリル酸メチルである．

■表7.3■　プラスチックの生産量（日本，2022年）

順位	材料名	生産量	順位	材料名	生産量
1位	ポリエチレン	224万トン/年	7位	ポリカーボネート	26万トン/年
2位	ポリプロピレン	212万トン/年	8位	ポリアミド樹脂	20万トン/年
3位	ポリ塩化ビニル	154万トン/年	9位	ポリビニルアルコール	18万トン/年
4位	ポリスチレン	103万トン/年			
5位	ポリエチレンテレフタラート	36万トン/年	10位	ウレタンフォーム	17万トン/年
			11位	ポリアセタール	13万トン/年
6位	フェノール樹脂	27万トン/年	12位	メタクリル樹脂	12万トン/年

演・習・問・題・7

7.1
つぎのプラスチック製品は，どのような高分子材料からできているか．名称と採用理由を書け．
(1) ビール瓶のコンテナ　(2) ごみ袋
(3) レジ袋　　　　　　　(4) 石油缶
(5) 魚のトレイ　　　　　(6) 箸
(7) 雨どい　　　　　　　(8) ビニールテープ

7.2
ポリプロピレンに関するつぎの記述のうち，正しい内容のものを番号で答えよ．
(1) 世界初の立体規則性高分子である．
(2) 汎用プラスチックの中で最も軽い．
(3) 汎用プラスチックの中で最も耐熱性が高い．
(4) プラスチックの生産量のうち，1番目に多い．
(5) 自動車に使用されている高分子材料のうち，2番目に多い．
(6) リサイクル性がよい．
(7) ヒンジ特性に優れる．

7.3
つぎの製品または部品は，（　）内に示す高分子材料からできている．それぞれの採用理由をあげよ．
(1) 換気扇の羽根（PP）
(2) 扇風機の羽根（AS）
(3) 野球のヘルメット（PC）
(4) 電気工事用ヘルメット（PC）

7.4
ポリプロピレンの主鎖を一つの平面上に引き伸ばしてジグザク形にしたとき，つぎの (1) と (2) の構造を立体的に書け．
(1) メチル基がすべて同じ側に向く立体異性体（アイソタクチックポリプロピレン）
(2) メチル基が交互に向く異性体（シンジオタクチックポリプロピレン）

7.5
光透過性に優れたプラスチックで，つぎの (1) ～ (3) に該当するものの名称と分子構造を書け．
(1) 耐衝撃性に優れているので，自動車のヘッドライトに使われる．
(2) 着色性に優れて見た目が美しく，プラスチックの女王ともいわれる．
(3) ひび割れしやすいが，安価なので歯ブラシ，CD，DVD，BD などのケースに使われる．

7.6
3大合成繊維の名称と分子構造，ならびに天然繊維との関係を述べよ．

付表

■付表1■　おもな高分子材料の開発史

西暦	ゴム工業	繊維工業	プラスチック工業（樹脂，フィルム）
1830	天然ゴムの加硫法の発見（1839）		
1840			
1850	ソリッドタイヤの製造（1856）		
1860			
1870			セルロイドの本格生産（1872）
1880	空気入りタイヤの発明（1888）		
1890		硝化法レーヨンの工業生産（1891），キュプラレーヨンの製造（1899）	
1900		ビスコースレーヨンの本格生産（1905）	
1910			ベークライト®（フェノール樹脂）の生産（1910），ユリア樹脂（1918）
1920	《1926年 シュタウディンガーが高分子説を発表》		
1930	クロロプレンゴムの生産（1932） SBRとNBRの本格生産（1937）	ナイロン66の大量生産（1938）	ポリ塩化ビニル（1931），ポリスチレン（PS）（1935），メタクリル樹脂（1935），メラミン樹脂（1938）を生産
1940	ブチルゴムの工業生産（1943）		低密度ポリエチレン（PE）の製造（1939），テフロンの製造（1942），エポキシ樹脂の工業化（1946），ABS樹脂（1948）
1950	イソプレンゴムの生産（1959）	ポリエステル繊維の生産（1950），ビニロン（日本初の合成繊維）（1950），アクリル繊維の生産（1950），ポリプロピレン繊維の生産（1959），ポリウレタン繊維の生産（1959）	発泡PS（1950），耐衝撃性PS（1950），高密度PEの工業化（1953），ポリプロピレンの工業化（1957），ポリカーボネート工業化（1959）
1960	ブタジエンゴムの生産（1960） スチレン系熱可塑性エラストマーの生産（1965） EPDMの工業生産（1969）	メタ形アラミド繊維の生産（1967）	アセタール樹脂の市販（1960），ポリイミドの生産（1962），PPEの生産（1967）
1970		パラ形アラミド繊維の生産（1972）	PBTの生産（1970），PESの生産（1972），PPSの生産（1973）
1980	オレフィン系熱可塑性エラストマーの生産（1981）	超高分子量PE繊維の生産（1987）	PEEKの生産（1980），PEIの生産（1982）
1990		PBO繊維の生産（1998）	シンジオタクチックPSの生産（1997）
2000			ポリ乳酸の生産（2001）
2010			ポリグルコール酸樹脂の生産（2011）

■付表2■ おもなポリマーの略号と一般的名称

略号	日本	英語圏
ABS	エービーエス樹脂	Acrylonitrile-butadiene-styrene resin
AS	エーエス樹脂	Acrylonitrile-styrene resin
BR	ブタジエンゴム	Butadiene rubber
CR	クロロプレンゴム	Chloroprene rubber
EPR (EPDM)	エチレン-プロピレンゴム	Ethylene-propylene rubber
EVOH	エチレン-ビニルアルコール共重合体	Ethylene-vinyl alcohol copolymer
IIR	ブチルゴム	Butyl rubber
IR	イソプレンゴム	Isoprene rubber
NBR	アクリロニトリル-ブタジエンゴム	Acrylonitrile-butadiene rubber
NR	天然ゴム	Natural rubber
PA (NY)	ポリアミド(ナイロン)	Polyamide (nylon)
PAN	ポリアクリロニトリル	Polyacrylonitrile
PAR	ピーエーアール(全芳香族ポリエステル)	Polyarylate
PBT	ポリブチレンテレフタラート	Poly(butylene terephthalate)
PC	ポリカーボネート	Polycarbonate
PE 　LDPE 　LLDPE 　HDPE 　UHMWPE	ポリエチレン 　低密度ポリエチレン 　線状低密度ポリエチレン 　高密度ポリエチレン 　超高分子量ポリエチレン	Polyethylene 　Low-density polyethylene 　Linear low-density polyethylene 　High-density polyethylene 　Ultra high-molecular weight polyethylene
PEEK	ポリエーテルエーテルケトン(ピーク)	Poly(ether ether ketone)
PES	ポリエーテルスルホン(ペス)	Poly(ether sulfone)
PET	ポリエチレンテレフタレート(ペット)	Poly(ethylene terephthalate)
PMMA	ポリメタクリル酸メチル	Poly(methyl methacrylate)
POM	ポリオキシメチレン	Poly(oxymethylene)
PP	ポリプロピレン	Polypropylene
m-PPE	変性ピーピーイー	Modified poly(phenylene ether)
PPS	ポリフェニレンスルフィド	Poly(phenylene sulfide)
PS	ポリスチレン	Polystyrene
PVA	ポリビニルアルコール	Poly(vinyl alcohol)
PVAc	ポリ酢酸ビニル	Poly(vinyl acetate)
PVC	ポリ塩化ビニル	Poly(vinyl chloride)
PVDC	ポリ塩化ビニリデン	Poly(vinylidene chloride)
SBR	スチレン-ブタジエンゴム	Styrene-butadiene rubber
SPS	シンジオタクチックポリスチレン	syndiotactic Polystyrene

■付表3■ 大きさを表す接頭辞と記号

大きさ	記号	接頭辞(読み)	身近な使用例
10^{-9}	n	nano (ナノ)	1 nm (ナノメートル) = 10^{-7} cm = 10 Å (オングストローム)
10^{-6}	μ	micro (マイクロ)	100 μm = 10^{-4} m = 0.100 mm
10^{-3}	m	milli (ミリ)	100 mL = 10^{-1} L = 1 dL (デシリットル)
10^{-2}	c	centi (センチ)	1 cm = 10^{-2} m
10^{-1}	d	deci (デシ)	1 dL (deciliter) = 10^{-1} L = 100 mL
10^{2}	h	hecto (ヘクト)	1 ha = 100 a, 1013 hPa = 1013 mbar
10^{3}	k	kilo (キロ)	1 kcal = 1000 cal
10^{6}	M	mega (メガ)	CD の記録容量は約 700 MB
10^{9}	G	giga (ギガ)	ケブラー® は 3 GPa の強度をもつスーパー繊維
10^{12}	T	tera (テラ)	2 TB の外付けハードディスク

■付表4■ 数を表すギリシャ語の接頭辞

個数	接頭辞(読み)	接頭辞が入った語句
1	mono (モノ)	モノマー, モノレール, モノクロ写真
2	di (ジ) (bis: 複合基のとき)	ジクロロメタン (CH_2Cl_2), ダイマー (2量体) ビスフェノール A
3	tri (トリ)	トリマー (3量体), トリニトロトルエン (TNT)
4	tetra (テトラ)	テトラポット, Carbon tetrachloride (四塩化炭素)
5	penta (ペンタ)	ペンタックス, ペンタゴン, ペンタン (C_5H_{12})
6	hexa (ヘキサ)	ヘキサメチレンジアミン ($H_2N(CH_2)_6NH_2$)
7	hepta (ヘプタ)	ヘプタゴン (7角形), ヘプタン (C_7H_{16})
8	octa (オクタ)	オクターブ, オクトパス, オクタノール ($C_8H_{17}OH$)
9	nona (ノナ)	ノナン (C_9H_{20})
10	deca (デカ)	Decade (10年), デカン ($C_{10}H_{22}$)

■付表5■ 物理量の単位

量	記号	読み方	備考
力	N	ニュートン	1 N = 1 kg·m/s^2
	dyn	ダイン	1 dyn = 1 g·cm/s^2 = 10^{-5} N
	kg (kgf)	キログラム(重)	1 kgf = 9.80665 N
応力	Pa	パスカル	1 Pa = 1 N/m^2
	dyn/cm^2	ダイン/平方 cm	1 dyn/cm^2 = 10^{-1} N/m^2
	kg/m^2 (kgf/m^2)	キログラム/平方 m	1 kg/m^2 = 9.80665 Pa
	kg/cm^2 (kgf/cm^2)	キログラム/平方 cm	1 kg/cm^2 = 9.807 × 10^{-4} Pa
	g/d	グラム/デニール	繊度 (d) は 9000 m のグラム数
気圧	atm	アトム	1 atm = 1013 × 10^2 Pa = 0.1013 MPa
	Torr	トル	1 Torr = 1 mmHg = 133.3 Pa
	bar	バール	1 bar = 10^5 Pa = 10^3 hPa, 1 mbar = 1 hPa
粘度	P	ポアズ	1 P = 10^{-1} Pa·s

重力の加速度:9.80665 m/s^2　　水銀の密度:13.534 g/cm^3 (25℃)

強度の単位の変換

強度は，材料の破断時の応力である．この強度の単位に，Pa（具体的には MPa または GPa）が用いられる．さらに，従来からプラスチックの強度の単位に用いられている kg/cm^2 ならびに繊維で使用されてきた g/d と kg/mm^2 の単位とが併用されているので，相互の換算表を付表6に示す．

■ 付表6 ■ 強度・応力の換算表

MPa	GPa	kg/cm^2	kg/mm^2	g/d
1	1×10^{-3}	1.0197×10	1.0197×10^{-1}	$0.01133/\rho$
1×10^3	1	1.0197×10^4	1.0197×10^2	$11.33/\rho$
9.8067×10^{-2}	9.8067×10^{-5}	1	1×10^{-2}	$11.11/\rho$
9.8067	9.8067×10^{-3}	100	1	$0.1111/\rho$
$88.26 \times \rho$	$0.08826 \times \rho$	$900.0 \times \rho$	$9.000 \times \rho$	1

ρ：繊維の密度 [g/cm^3]，1 d（デニール）：9000 m で 1 g となるような繊維の太さ，重力の加速度：9.8067 m/s^2

■ 付表7 ■ 単位格子の軸長，軸角，体積

結晶系	軸長，軸角	体積	例
立方晶 (cubic)	$a=b=c, \alpha=\beta=\gamma=90°$	a^3	（高分子ではこの結晶系の報告例なし）
正方晶 (tetragonal)	$a=b \neq c, \alpha=\beta=\gamma=90°$	a^2c	ポリ（4—メチル—1-ペンテン） （アイソタクチック）
斜方晶 (orthorhombic)	$a \neq b \neq c, \alpha=\beta=\gamma=90°$	abc	ポリエチレン ポリプロピレン 　（シンジオタクチック） ポリ（1,2-ブタジエン） 　（シンジオタクチック）
三方晶† (trigonal)	$a=b=c, \alpha=\beta=\gamma \neq 90°$	$a^3\sqrt{1-3\cos^2\alpha+2\cos^3\alpha}$	ポリスチレン 　（アイソタクチック） ポリ（1-ブテン） 　（アイソタクチック） ポリ（1,2-ブタジエン） 　（アイソタクチック）
単斜晶 (monoclinic)	$a \neq b \neq c, \alpha=\gamma=90° \neq \beta$	$abc\sin\beta$	ナイロン6 ポリエチレンオキシド 　（アイソタクチック） ポリプロピレン 　（アイソタクチック）

† 斜方面体晶（rhombohedral）ともよばれている．

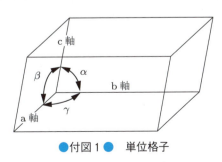

● 付図1 ● 単位格子

付録

プラスチックの識別マークと材料表示

　これには，つぎの二つの記載方法が基本となっており，プラスチックを分別回収し資源を有効利用するリサイクルなどに役立っている．

(1) SPI コード

　アメリカの SPI（The Society of the Plastics Industry, Inc.）により，1988 年に提唱された．アメリカはもちろんのこと，日本も含め，世界各国で使用されているプラスチックの材質識別マークである．

●付図2●　SPI コード

　　1：PETE（ポリエチレンテレフタラート，ペット，PET）
　　2：HDPE（高密度ポリエチレン）
　　3：V（塩化ビニル樹脂，Vinyl chloride resin，ポリ塩化ビニル，PVC）
　　4：LDPE（低密度ポリエチレン）
　　5：PP（ポリプロピレン）
　　6：PS（ポリスチレン）
　　7：OTHER（その他）

(2) プラ工連識別マーク

　日本プラスチック工業連盟が定めた識別マークで 2001 年 4 月より使用されている．日本の資源有効利用促進法の指定表示製品に記載されている．

●付図3●　プラ工連識別マーク

*1　PP，EVOH：下線部の PP（ポリプロピレン）が主原料で，これと EVOH（エチレン - ビニルアルコール共重合体）とから構成されているラミネート（積層品）のことで，両者は分離できない複合材料である．なお，EVOH は酸素を透過しにくいので，長期保存食品の包装材に用いられる．

134

演習問題解答

演習問題1

1.1 ポリエチレンの分子量は，つぎの計算からわかる．
構造単位の式量×重合度＝ 28.0 × 2000 ＝ 56000

1.2 ポリスチレンの構造単位の式量＝ C_8H_8 ＝ 104
重合度＝ 208000／104 ＝ 2000
C-C 結合の数＝ (2000 × 2) － 1 ≒ 4000
となる．よって，炭素鎖（ジグザグ鎖）に沿った長さはつぎのようになる．
0.154 × 4000 nm ＝ 616 nm ＝ 0.616 μm

演習問題2

2.1
(1) $\displaystyle{\left[\begin{array}{c}CH_2\\|\\H\end{array}C=C\begin{array}{c}CH_2\\|\\H\end{array}\right]_n}$

(2) $\displaystyle{\left[\begin{array}{c}CH_2\\|\\H\end{array}C=C\begin{array}{c}H\\|\\CH_2\end{array}\right]_n}$

(3) $\displaystyle{\left[CH_2-CH\begin{array}{c}|\\O-C-CH_3\\||\\O\end{array}\right]_n}$

(4) $\displaystyle{\left[CH_2-CH\begin{array}{c}|\\Cl\end{array}\right]_n}$

(5) $\displaystyle{\left[N-(CH_2)_6-N-C-(CH_2)_4-C\begin{array}{c}|\\H\end{array}\begin{array}{c}|\\H\end{array}\begin{array}{c}||\\O\end{array}\begin{array}{c}||\\O\end{array}\right]_n}$

(6) $\displaystyle{\left[CH_2-C\begin{array}{c}Cl\\|\\|\\Cl\end{array}\right]_n}$

2.2 生長しつつある末端のラジカルが三つ前の炭素についている水素を引き抜くと，プロピル基の分岐ができる．この炭素に連鎖移動したラジカルは，そこから再びエチレンとの生長反応が進行して主鎖が引き続き伸びていく（例題 2.1 参照）．

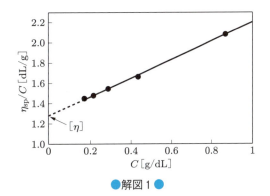

2.3 (1) C と η_{sp}/C の値を，解表1に示す．

■解表1■

溶液濃度 C [g/dL]	η_{sp}/C [dL/g]
0.173	1.449
0.217	1.478
0.289	1.545
0.433	1.669
0.866	2.088

解表1のデータを使い，ハギンスプロットしたものが解図1である．直線の切片が，ポリスチレン／エチルメチルケトン系，25℃での固有粘度 $[\eta]$ の値となる．$[\eta] = 1.277$ dL/g となる．

(2) $[\eta] = KM^\alpha = 3.9 \times 10^{-4} \times M^{0.58}$ より，以下を得る．
$M = ([\eta]/3.9 \times 10^{-4})^{1/0.58} = (1.277/3.9 \times 10^{-4})^{1/0.58}$
$= 1.15 \times 10^6$

(3) $\eta_{sp}/C = [\eta] + k'[\eta]^2 C$ より，ハギンスプロットの直線の勾配は，$k'[\eta]^2$ である．
$k'[\eta]^2 = 0.9308$
$k' = 0.9308/[\eta]^2 = 0.9308/(1.277)^2 = 0.571$

●解図1●

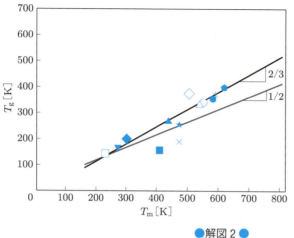

●解図 2 ●

2.4 各種高分子の融点 T_m とガラス転移温度 T_g をプロットしたものが，解図 2 である．両者はほぼ比例関係にあり，融点の高い高分子のガラス転移温度も高いことがわかる．また，多くの高分子は，勾配が 2/3 の直線上にのっている．

演習問題 3

3.1 ①T（または，トランス） ②平面ジグザグ ③ポリエチレン ④ラメラ晶（または，ラメラ結晶） ⑤2-1 平面 ⑥(b) ⑦T（または，トランス） ⑧G（または，ゴーシュ） ⑨らせん（または，3-1 らせん） ⑩結晶中のアイソタクチックポリプロピレン（または，結晶中のアイソタクチックポリスチレン） ⑪(a) ⑫シス

3.2
(1) アイソタクチックポリスチレン（または，iPS）
(2) 頭 - 尾結合
(3) 解図 3 のとおりである．

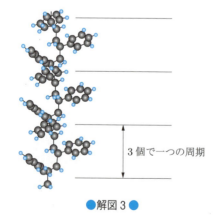

3 個で一つの周期

●解図 3 ●

スチレンモノマーが 3 個で，一つの周期を形成している．立体構造は「らせん」となるので，周期は「3-1 らせん」である．
(4) TG 型

3.3
(1) ① $X_c = [\rho_c(\rho - \rho_a)]/[\rho(\rho_c - \rho_a)] \times 100$
   $= [1505(1435 - 1335)/1435(1505 - 1335)] \times 100 = $ **61.7 %**
   ② $X_c = [\Delta H_m/\Delta H_m^*] \times 100$
   $= [197 \text{ Jg}^{-1}/326 \text{ Jg}^{-1}] \times 100$
   $= $ **60.4 %**
(2) $X_c = [\Delta H_m/\Delta H_m^*] \times 100$
   $= [117 \text{ Jg}^{-1}/301 \text{ Jg}^{-1}] \times 100 = $ **38.9 %**
(a) ～ (e) は解表 2 のとおりである．

■解表 2 ■

(a) モノマーの名称	アジピン酸	ヘキサメチレンジアミン
(b) モノマーの構造式	HOOC-(CH$_2$)$_4$-COOH	H$_2$N-(CH$_2$)$_6$-NH$_2$
(c) 重合の種類	重縮合（モノマーが反応するとき，水が生成して縮合するから．）	
(d) 繰り返し単位の構造	$-[HN-(CH_2)_6-NH-C(=O)-(CH_2)_4-C(=O)-]_n-$	
(e) コンホメーション	平面ジグザグ	

3.4 (1) 解表 3 のとおりである．

■解表3■

名称	構造
ポリ(シス-1,4-ブタジエン)	$\left[\begin{array}{c}CH_2\\C=C\\HH\end{array}\right]_n$ (cis)
ポリ(トランス-1,4-ブタジエン)	$\left[\begin{array}{c}CH_2\\C=C\\HCH_2\end{array}\right]_n$ (trans)
ポリ(1,2-ブタジエン)	$\left[\begin{array}{c}CH_2-CH\\|\\CH\\||\\CH_2\end{array}\right]_n$

(2) 解表4のとおりである.

■解表4■

名称	構造
アイソタクチックポリ(1,2-ブタジエン)	$\cdots CH_2-CH-CH_2-CH-CH_2-CH\cdots$ (each CH with CH=CH₂ branch, same side)
シンジオタクチックポリ(1,2-ブタジエン)	同様構造 (交互配置)

3.5 (1)

① $\left[\!HN\!-\!(CH_2)_6\!-\!NH\!-\!\underset{\underset{O}{||}}{C}\!-\!(CH_2)_4\!-\!\underset{\underset{O}{||}}{C}\right]_n$

② $\left[\!CH_2\!-\!\underset{\underset{CH_3}{|}}{CH}\!\right]_n$

③ $\left[\!CH_2\!-\!CH_2\!\right]_n$

④ $\left[\!CH_2\!-\!\underset{\underset{Cl}{|}}{CH}\!\right]_n$

⑤ $\left[\!\underset{\underset{CH_3}{|}}{CH_2}\!C=C\underset{H}{\overset{CH_2}{|}}\!\right]_n$

(2) 結晶性

(3) H H T T
頭 頭 尾 尾
$-CH_2-CH\{CH-CH_2\}-CH_2-CH-$
　　　　|　　|　　　　　　|
　　　　Cl　Cl　　　　　　Cl

(4) 解表5のとおりである.

■解表5■

	名称	アイソタクチックポリプロピレン
(a)	構造	$-CH_2-CH-CH_2-CH-CH_2-CH-$ 		| 　　　　CH₃　　　　CH₃　　　CH₃
	名称	シンジオタクチックポリプロピレン
(b)	構造	$-CH_2-CH-CH_2-CH-CH_2-CH-$ (CH₃ が交互に上下)

(5) 名称：ラメラ晶（ラメラ結晶）
コンホメーション：T型（トランス型）
投影図は解図4のとおりである.

●解図4●

ニューマン投影図：C_1 上, C_4 下, $C_2(C_3)$ 右, H 4つ

3.6 (1) イソプレンのLewisの構造式は，つぎのようになる.

$CH_2=C-C=CH_2$
　　　　|
　　　　CH₃

(2) イソプレンモノマー3個が1,4付加したときの構造
(Lewisの構造) は，つぎのようになる.

① ② ③ Lewis構造式

(参考)

① $-CH_2CH_2-$
　　　　　C=C
　　CH₃　　　H

② CH_2CH_2
　　　C=C
　CH₃　　H

③ CH_2CH_2-
　　　C=C
　CH₃　　H

3.7 オゾン分解過程は，解図5のとおりである.

ポリ(シス-1,4-ブタジエン)のオゾン分解

●解図5●

ポリ(シス-1,4-イソプレン)のオゾン分解では，本文中の図3.24のように，ケトンとアルデヒドに分解されるが，ポリ(シス-1,4-ブタジエン)では，アルデヒドに

3.8 球晶の中心（核）から，非常に多くの糸状の物体（電子顕微鏡で詳細に観察すると，光学顕微鏡で糸状に見える物体は，ラメラ晶であることがわかる）が，ねじれながら放射状に伸びて成長している．

3.9 形の整ったラメラ晶の集合体が観察できるので，分岐がほとんどない，いわゆる高密度ポリエチレンの結晶である．

演習問題 4

4.1 ゴムと金属は，弾性率と弾性限界が大きく異なる．わかりやすくいえば，金属は硬い弾性であり，ゴムは軟らかい弾性を示す．その原因は，金属がエネルギー弾性であるのに対し，ゴムはエントロピー弾性に由来するからである．

4.2 フックの法則が適用できるので，$\sigma = G\varepsilon$，$\varepsilon = \dfrac{\Delta L}{L}$ である．したがって，求める伸びは，$\Delta L = \dfrac{\sigma L}{G}$ となる．

ここで，a を重力加速度，A を断面積とすると，応力は

$$\sigma = \frac{ma}{A} = \frac{200\,\mathrm{g} \times 981\,\mathrm{cm/s^2}}{3.1416 \times (0.110\,\mathrm{cm})^2}$$

$= 5.161 \times 10^6\,\mathrm{dyn/cm^2}$ である．

(1) 鋼鉄線の伸び

$$\Delta L = \frac{5.161 \times 10^6\,\mathrm{dyn/cm^2} \times 150\,\mathrm{cm}}{2.00 \times 10^{12}\,\mathrm{dyn/cm^2}}$$

$$= 3.87 \times 10^{-4}\,\mathrm{cm}\quad(3.87\,\mathrm{\mu m})$$

(2) ゴムひもの伸び

$$\Delta L = \frac{5.161 \times 10^6\,\mathrm{dyn/cm^2} \times 150\,\mathrm{cm}}{1.00 \times 10^7\,\mathrm{dyn/cm^2}} = 51.6\,\mathrm{cm}$$

4.3
(1) 時刻 t における全体のひずみ ε は，ばねとダッシュポットに生じたひずみの和であるから，

$$\varepsilon = \varepsilon_1 + \varepsilon_2 = \frac{\sigma_0}{G} + \frac{\sigma_0}{\eta}t$$

となる（解図 6 参照）．

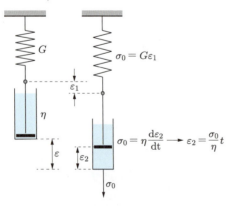

●解図 6● マックスウェル模型に一定応力を加えたときのひずみの時間変化

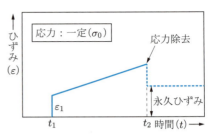

●解図 7● マックスウェル模型でのひずみの時間変化

(2), (3) これを図示すると，解図 7 のようになる．なお，ε_1 は瞬間弾性である．時刻 t_2 で応力を除去したときのひずみと時間の関係を青色の破線で示した．

4.4
(1) 3 要素に対し，基礎式を立てると，つぎのようになる．

$$\sigma_1 = G_1 \varepsilon \tag{A.1}$$

$$\sigma_2 = G_2 \varepsilon_1 \tag{A.2}$$

$$\sigma_2 = \eta_2 \frac{d\varepsilon_2}{dt} \tag{A.3}$$

$$\sigma_0 = \sigma_1 + \sigma_2 \tag{A.4}$$

$$\varepsilon = \varepsilon_1 + \varepsilon_2 \tag{A.5}$$

式 (A.5) を時間 t で微分すると，

$$\frac{d\varepsilon}{dt} = \frac{d\varepsilon_1}{dt} + \frac{d\varepsilon_2}{dt} \tag{A.6}$$

となる．式 (A.2) を t で微分すると，

$$\frac{d\sigma_2}{dt} = G_2 \frac{d\varepsilon_1}{dt}$$

となる．よって，

$$\frac{d\varepsilon_1}{dt} = \frac{1}{G_2} \cdot \frac{d\sigma_2}{dt} \tag{A.7}$$

を得る．また，式 (A.3) を変形すると，

$$\frac{d\varepsilon_2}{dt} = \frac{\sigma_2}{\eta_2} \tag{A.8}$$

となる．式 (A.7)，(A.8) を式 (A.6) に代入すると，次式が求められる．

$$\frac{d\varepsilon}{dt} = \frac{1}{G_2} \cdot \frac{d\sigma_2}{dt} + \frac{\sigma_2}{\eta_2} \tag{A.9}$$

σ_2 は一定だから，

$$\frac{d\sigma_2}{dt} = 0$$

となる．よって，式 (A.9) は，

$$\frac{d\varepsilon}{dt} = \frac{\sigma_2}{\eta_2}$$

であるから，

$$\sigma_2 = \eta_2 \frac{d\varepsilon}{dt} \tag{A.10}$$

を得る．式 (A.4) に式 (A.1)，(A.10) を代入すると，

$$\sigma_0 = G_1 \varepsilon + \eta_2 \frac{d\varepsilon}{dt} \quad (A.11)$$

となる．したがって，

$$\frac{d\varepsilon}{dt} = -\frac{G_1}{\eta_2}\left(\varepsilon - \frac{\sigma_0}{G_1}\right) \quad (A.12)$$

が求められる．ここで，$u = \varepsilon - \frac{\sigma_0}{G_1}$ とおき，置換積分を行うと，

$$\frac{du}{d\varepsilon} = 1$$

より，

$$du = d\varepsilon$$

であるから，式 (A.12) は

$$\frac{du}{dt} = -\frac{G_1}{\eta_2} \cdot u$$

となる．これを積分すると，

$$\int \frac{1}{u} du = -\frac{G_1}{\eta_2} \int dt$$

より，

$$\ln u = -\frac{G_1}{\eta_2} t + C \text{（積分定数）}$$

を得る．したがって，

$$u = e^{-\frac{G_1}{\eta_2} t} \cdot e^C = k \cdot e^{-\frac{G_1}{\eta_2} t} \text{（ここで，} k = e^C\text{）}$$

u をもとに戻すと，

$$\varepsilon(u) = \frac{\sigma_0}{G_1} + k \cdot e^{-\frac{G_1}{\eta_2} t} \quad (A.13)$$

となる．初期条件より k を求めると．

$$k = \frac{\sigma_0}{G_1 + G_2} - \frac{\sigma_0}{G_1}$$

となる．したがって，式 (A.13) から，答えが求められる．

$$\varepsilon = \frac{\sigma_0}{G_1} + \left(\frac{\sigma_0}{G_1 + G_2} - \frac{\sigma_0}{G_1}\right) e^{-\frac{G_1}{\eta_2} t} \quad (A.14)$$

(2) 式 (A.11) および $\sigma_0 = 0$ より，

$$\sigma_0 = G_1 \varepsilon + \eta_2 \frac{d\varepsilon}{dt} = 0$$

$$\frac{1}{\varepsilon} d\varepsilon = -\frac{G_1}{\eta_2} dt \quad (A.15)$$

となる．式 (A.15) を積分すると，

$$\int \frac{1}{\varepsilon} d\varepsilon = -\frac{G_1}{\eta_2} \int dt$$

であるから，

$$\ln \varepsilon = -\frac{G_1}{\eta_2} t + C \text{（積分定数）}$$

$$\varepsilon = k \cdot e^{-\frac{G_1}{\eta_2} t} \text{（ここで，} k = e^C\text{）} \quad (A.16)$$

となる．k を求めると

$$\varepsilon = k \cdot e^{-\frac{G_1}{\eta_2} t_1} = \frac{\sigma_0}{G_1}$$

であるから，

$$k = \frac{\sigma_0}{G_1} \cdot e^{\frac{G_1}{\eta_2} t_1}$$

となる．よって，式 (A.16) から答えが求められる．

$$\varepsilon = \frac{\sigma_0}{G_1} \cdot e^{-\frac{G_1}{\eta_2}(t - t_1)} \quad (A.17)$$

(3) 解図 8 のようなグラフになる．

●解図 8●

演習問題 5

5.1 解表 6 のとおりである．

■解表 6■

	分子構造	塩基成分	酸成分
(1)	$\{(CH_2)_4\text{-}NHCO\text{-}(CH_2)_4\text{-}CONH\}_n$	$H_2N\text{-}(CH_2)_4\text{-}NH_2$	$HOOC\text{-}(CH_2)_4\text{-}COOH$
(2)	$\{(CH_2)_6\text{-}NHCO\text{-}(CH_2)_4\text{-}CONH\}_n$	$H_2N\text{-}(CH_2)_6\text{-}NH_2$	$HOOC\text{-}(CH_2)_4\text{-}COOH$
(3)	$\{(CH_2)_5\text{-}CONH\}_n$	$H_2N\text{-}(CH_2)_5\text{-}COOH$†	
(4)	$\{(CH_2)_{11}\text{-}CONH\}_n$	$H_2N\text{-}(CH_2)_{11}\text{-}COOH$†	
(5)	$\{(CH_2)_6\text{-}NHCO\text{-}(CH_2)_8\text{-}CONH\}_n$	$H_2N\text{-}(CH_2)_6\text{-}NH_2$	$HOOC\text{-}(CH_2)_8\text{-}COOH$
(6)	$\{(CH_2)_6\text{-}NHCO\text{-}(CH_2)_{10}\text{-}CONH\}_n$	$H_2N\text{-}(CH_2)_6\text{-}NH_2$	$HOOC\text{-}(CH_2)_{10}\text{-}COOH$

† 原料はラクタムである．

5.2 解図 9 のとおりである．

$$n\,HO\text{-}\phi\text{-}C(CH_3)_2\text{-}\phi\text{-}OH + n\,\phi\text{-}O\text{-}CO\text{-}O\text{-}\phi$$

$$\xrightarrow{250℃} \{\phi\text{-}C(CH_3)_2\text{-}\phi\text{-}O\text{-}CO\text{-}O\}_n + (2n-1)\,\phi\text{-}OH$$

●解図 9●

5.3 ポリエチレンテレフタラート (PET) は結晶化速度が遅いため，成形機の金型内に留まっている数十秒以内には結晶化できず，非晶のまま固体になる．そのため，

透明で弾力性があるので，圧力のかかる炭酸飲料水のボトルの材料には好適（ペットボトル）だが，硬い樹脂には結晶化しないとならない．

［捕捉］ポリブチレンテレフタラートは構造単位中のメチレン基の数が4個でPETより二つ多いため，高分子鎖が動きやすく，分子間力により金型内で結晶化するため，高性能な樹脂に成形できる．

5.4
(1) 過酸化ベンゾイルを開始剤に用いているので，重合反応ラジカル重合のメカニズムで進行する．そのため，フェニル基の向きにまったく規則性がないアタクチックポリスチレンが得られる．立体構造は解図10（a）になる．
(2) メタロセン触媒を使用すると，触媒にモノマーが立体的に制御されて取り込まれ重合する．そのためフェニル基の向きが交互についた立体配位のシンジオタクチックポリスチレンが得られる．立体構造は解図10（b）になる．

（a）アタクチックポリスチレン

（b）シンジオタクチックポリスチレン

● 解図10 ●

5.5 SIMMやDIMMをマザーボードに差し込めば，パソコンのメモリーを増設できる．これに使われるファインピッチコネクターは，非常に正確な寸法精度で細かな穴が開けられている．通常のプラスチックは，溶融粘度が高いため精密成形に用いることはできない．ポリアリレートとよばれる全芳香族ポリエステルの多くは，融液が液晶を形成するため，高分子鎖の絡み合いがない．そのため，溶融粘度が低く，細かな金型のすみずみにまで液晶状態で流れ入り，しかも，この時点で結晶化が済んでいるので，冷却時の収縮率も小さい．このように，液晶性ポリアリレートを用いれば，小型薄肉化しても強度の高い精密成形品を作ることができる．

5.6 高分子鎖を繊維軸方向に揃えることができれば，多くの高分子から高強度繊維を作ることが理論的に可能である．しかし，現実には，パラ系アラミドやPBO（ポリ（p-フェニレンベンゾビスオキサゾール））のような，剛直で分子間力の強い高分子と，超高分子量ポリエチレンでしか，スーパー繊維は達成されていない．

前者は，高分子溶液がある濃度以上になると，強い分子間力により紡糸の過程で自発配向し液晶を形成するため，高分子鎖は繊維方向に揃う．後者は，繊維軸方向に高分子鎖を揃える方法として，繊維に外力を加えて高分子鎖を繊維軸方向に揃える超延伸法を採用している．この場合には，ポリエチレンのようなフレキシブルなポリマーが適している．

両者とも，高分子量体であるほど分子鎖のす抜けが少なくなり，高強度化しやすい．

5.7
(1) 低密度ポリエチレンは，エチレンを高温高圧下で微量のラジカル開始剤を用いて重合して得られたポリマーである．Back bitingとよばれる主鎖への連鎖移動反応や反応の場で，すでに生成したポリマーへの連鎖移動反応が起きるため，短いものから長いものまで種々のアルキル基を側鎖をもつポリエチレンとなる．結晶化度が低いので，低密度ポリエチレンとよばれ，透明なフィルムを作るのに用いられる．
(2) 直鎖状低密度ポリエチレンは，エチレンと1-ブテンなどの末端オレフィンを，コモノマーに用いて配位アニオン重合で合成される線状の高分子である．1-ブテンのときの側鎖はエチル基，1-ペンテンのときの側鎖はプロピル基と短い分岐でその量は共重合の割合でコントロールできる．LDPEに比べ機械的強度が高く，融点も若干高い（図7.27参照）．
(3) エチレンの配位アニオン重合により得られる単独重合体である．高分子鎖に分岐が少ないため，結晶化度が高い．LDPEより強度が高く，伸び難いのでフィルムはスーパーのレジ袋や極薄フィルムに使われている．こするとガサガサと音がするフィルムである．
(4) 超高分子量ポリエチレンは，分子量が100万以上と非常に高いために，融けても流れない．そのため，射出成形や通常の押出成形では加工できず，金属の焼結に似た圧縮成形が採られる．成形品の用途は，人工関節などがある．また，UHMWPEはゲル紡糸と超延伸の技術でスーパー繊維になる

5.8 それぞれ，解図11に例をあげる．

(1)
(2)

● 解図11 ●

5.9 Paの単位に換算すると，つぎのようになる．

$$強度 = 25.0 \times 1.39 \times 9000 \times 9.807 \times 10^3 \text{ Pa}$$
$$= 3.07 \times 10^9 \text{ Pa}$$

したがって，3.07 GPaとなる．

別解：付録6の強度と応力の換算表を利用する方法もある．

$$弾性率 = 0.0826 \times 1.39 \times 570 \text{ GPa} = 69.9 \text{ GPa}$$

演習問題6

6.1 ネガ型フォトレジストに求められる感光性高分子の性質は，光照射をしないときには現像液に可溶であるが，光を照射すると高分子鎖間に橋かけが起こり，不溶化することである．解図12に，代表的な感光性高分子であるポリケイ皮酸ビニルの構造式を示す．

$$-(CH_2-CH)_n$$
$$|$$
$$O$$
$$|$$
$$C=O$$
$$|$$
$$CH=CH-C_6H_5$$

● 解図12 ●

解図13に，ネガ型フォトレジストにおける画像形成の工程を示す．基板上に感光性高分子であるポリケイ皮酸ビニルを塗布し，フォトマスクを介して，露光した後に現像すると，光照射した部位のみに光二量化反応が起こり，現像液に不溶となるため，画像が形成される．これを酸で処理すると，支持体の金属が腐食されて安定な画像が得られる．したがって，ネガ型フォトレジストに求められる性質として，耐酸性も必要である．

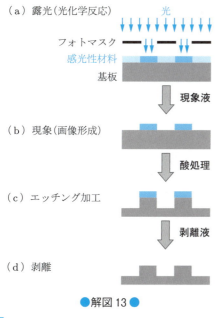

● 解図13 ●

6.2
(1) (a)
$$-(CH_2-CH)_{95}-(CH_2-CH)_5-$$
$$\quad\quad |\quad\quad\quad\quad\quad |$$
$$\quad\quad C=O\quad\quad\quad C=O$$
$$\quad\quad |\quad\quad\quad\quad\quad |$$
$$\quad\quad N-H\quad\quad\quad NH_2$$
$$\quad\quad |$$
$$\quad\quad CH$$
$$\quad\quad / \backslash$$
$$H_3C\quad CH_3$$

(b)
$$-(CH_2-CH)_{95}-(CH_2-C(CH_3))_5-$$
$$\quad\quad |\quad\quad\quad\quad\quad |$$
$$\quad\quad C=O\quad\quad\quad C=O$$
$$\quad\quad |\quad\quad\quad\quad\quad |$$
$$\quad\quad N-H\quad\quad\quad O$$
$$\quad\quad |\quad\quad\quad\quad\quad |$$
$$\quad\quad CH\quad\quad\quad\quad CH_2CH_2CH_2CH_3$$
$$\quad\quad / \backslash$$
$$H_3C\quad CH_3$$

(2) アクリルアミド（AAm）は N-イソプロピルアクリルアミド（NIPAM）に比べてより親水性であるため，AAmを5 mol %共重合させた高分子は，温度を上げたときに疎水性部位が集まりにくくなる．その結果，相転移温度はNIPAMホモポリマーのときより高くなる．一方，メタクリル酸ブチルの場合，疎水性のブチル基を側鎖にもつため，得られる高分子は疎水性水和により水に溶解している部位が多くなる．その結果，温度が上昇すると容易に疎水性部位が集まりやすくなるため，相転移温度はNIPAMホモポリマーのときより低くなる．

演習問題7

7.1 解表7のとおりである．

■ 解表7 ■

番号	材質	採用理由
(1)	ポリプロピレン (PP)	汎用プラスチックの中で最も軽量（密度 0.90 g/cm³）である．
(2)	低密度ポリエチレン (LDPE)	透明で柔軟性のあるフィルムである．
(3)	高密度ポリエチレン (HDPE)	結晶化度がLDPEより高いため，強度が高く，半透明で中身が見えにくい．
(4)	高密度ポリエチレン (HDPE)	結晶化度が高く，灯油に侵されない．
(5)	ポリスチレン (PS)	原料が安価なうえ，発泡体を製造しやすく断熱材として有用である．
(6)	ポリスチレン (PS)	この樹脂は耐衝撃性が低く，箸を噛んだときに箸が先に折れ，歯の損傷を防げる．
(7)	硬質ポリ塩化ビニル (PVC)	屋外で長時間，太陽にさらしても劣化しにくい（耐候性がよい）．
(8)	軟質ポリ塩化ビニル (PVC)	柔軟で自己消化性をもつ．なお，ビニルテープやビニルコードのビニルは，ポリ塩化ビニルのビニルに由来する．

7.2 正しい記述：(1), (2), (3), (6), (7)

なお，プラスチックの生産量第一位はポリエチレンであり，自動車に使用されている最も多いプラスチックはポリプロピレンである．

7.3
(1) PPは，汎用プラスチックの中で最も軽量であるの

で，換気扇の羽根に好適な材料である．
(2) アクリロニトリルとスチレンの共重合体の AS 樹脂は，ポリスチレンの短所である耐衝撃性を向上させた樹脂で，透明であり，涼しさを演出できる．
(3) ポリカーボネートは耐衝撃性に非常に優れているため，野球のヘルメットに使われる．
(4) PC は，耐衝撃性のみならず，電気絶縁性に優れており，電気工事用ヘルメットにはポリカーボネート製ヘルメットの使用が義務づけられている．

7.4
(1) 解図 14 のとおりである．
［補足］ 市販の PP は，側鎖のメチル基がすべて同じ（iso-）方向に向いた立体配位をしている．アイソタクチック PP からできている．

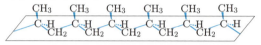

●解図 14 ● アイソタクチックポリプロピレン

(2) 解図 15 のとおりである．

●解図 15 ● シンジオタクチックポリプロピレン

7.5 透明な樹脂の必要条件は，非晶性の高分子である．したがって，これに該当するのはポリスチレン，ポリカーボネート，もしくはポリメタクリル酸メチルのいずれかである．各項の条件を満たす材料は，解表 8 のようになる．

■解表 8■

番号	名称	分子構造
(1)	ポリカーボネート	
(2)	ポリメタクリル酸メチル（アクリル樹脂）	
(3)	ポリスチレン	

7.6 ポリエステル，ナイロン，そしてアクリルが 3 大合成繊維である．
① ポリエステル繊維

$$-(CH_2-CH_2-O-\underset{\underset{O}{\|}}{C}-\bigcirc-\underset{\underset{O}{\|}}{C}-O)_n-$$

ポリエチレンテレフタラートから溶融紡糸により製造される，生産量第 1 位の合成繊維である．家庭用品品質表示法では，単にエステルと表示される．エステルは水分を吸収しないので洗濯してもすぐ乾き，wash and wear 性がとてもよい．女性のブラウスは，エステル 100% からできている．綿はセルロースからなる天然繊維で，ヒドロキシル基をもつので吸湿性に富んでおり，下着やジーパンはこれから作られる．綿とエステルを 35：65 の割合で混紡した布は，Y シャツや作業着に広く用いられている．

② ナイロン繊維

$$-(CH_2)_6-NHCO-(CH_2)_4-CONH)_n-$$

世界初の合成繊維．アミド結合をもつ点が絹の分子構造と類似している．女性のストッキングはナイロン 66 またはナイロン 6 からできている．繊度は 12 d（デニール）前後のものが一般的である．一方，強度が要求されるカメラバックの素材には 1000 d の太いナイロンが使われる．絹は繭から採れる天然高分子のタンパク質からなり，極めて細く（1.1 d），しなやかで美しい光沢をもち，繊維の女王とよばれる．

③ アクリル繊維

$$-(CH_2-\underset{\underset{CN}{|}}{CH})_n-$$

アクリル繊維は，アクリルニトリルの付加重合により合成され，これを乾式紡糸または湿式紡糸により製造される．複合繊維にすると羊毛（ウール）のもつ倦縮性が付与され，保温性のよい合成繊維になる．毛布の素材としては，羊毛を凌駕する性能をもつ．羊毛は，羊の毛から採る天然繊維でケラチンを多く含むタンパク質からなる．羊毛は，保温性がよく，寒さから身体を守る重要な繊維素材で，セーターや防寒用のコートに用いられる．

参考文献

■第1章
1）伊勢典夫，今西幸男，川端季雄，砂本順三，東村敏延，山川裕巳，山本雅英：『新高分子化学序論』，化学同人（1995）
2）宮下徳治：『コンパクト高分子化学』，三共出版（2000）
3）太田正博：化学と工業，**49**，11（1996）
4）玉井正司（今井淑夫，横田力男編）：『最新ポリイミド』，エヌ・ティー・エス（2002）

■第2章
1）伊藤浩一，上田 充，佐藤壽彌，白井汪芳：『高分子化学（合成）』，宣協社（1998）
2）大津隆行：『高分子合成の化学』，化学同人（1968）
3）W. R. Sorenson, T. W. Campbell: "Preparative Methods of Polymer Chemistry", Interscience Publishers (1968)
4）Z. Tadmor, C. G. Gogos: "Principles of Polymer processing", John Wiley & Sons (1979)
5）A. Ziabicki: "Fundamentals of Fibre Formation", John Wiley & Sons (1976)
6）毛利 裕（井手文雄編）：『実用プラスチック事典』，産業調査会（1993）

■第3章
1）中島章夫，細野正夫：『高分子の分子物性 上』，化学同人（1969）
2）高分子学会（編）：『高分子の分子設計 1』，培風館（1974）
3）土田英俊：『高分子の科学』，培風館（1993）
4）村橋俊介，藤田 博，小高忠男，蒲池幹治（編著）：『高分子化学 第4版』，共立出版（1997）
5）垣内 弘：『新・基礎 高分子化学』，昭晃堂（1987）
6）大澤善次郎：『入門 高分子科学』，裳華房（1996）
7）小川俊夫：『工学技術者の高分子材料入門』，共立出版（1993）
8）R. S. Monson, J. C. Shelton，後藤俊夫（訳）：『有機化学の基礎』，東京化学同人（2005）
9）M. Okabe *et al.*: "Study of Polyolefin Gel in Organic Solvents IX. Ethylene Sequence Distribution of Ethylene-Propylene Random Copolymer and Crystalline Junction Size in Its Thermoreversible Gel", *Polym. J.*, **26**, No. 9, pp 1002-1012 (1994)
10）M. Okabe *et al.*: "Study of Polyolefin Gel in Organic Solvents VII. Thermoreversible Gelation of Ethylene-Propylene Random Copolymer in Carbon Disulfide, Toluene, and Cyclopentane", *Polym. J.*, **24**, No. 7, pp 653-667 (1992)

■第4章
1）片山将道：『高分子概論』，日刊工業新聞社，（1971）
2）L. E. Nielsen，小野木重治訳：『高分子の力学的性質』，化学同人（1965）
3）日本ゴム協会：『ゴム技術入門』，丸善（2004）
4）堤 直人，坂井 互：『基礎高分子科学』，サイエンス社（2010）
5）井上祥平，宮田清蔵：『高分子材料の化学』，丸善（1993）

■第5章
1）今井淑夫，岩田 薫：『高分子構造材料の化学』，朝倉書店（1998）
2）片岡俊郎：『高分子新素材 One Point 1 エンジニアリングプラスチック』，共立出版（1987）
3）J. M. Margolis: "Engineering Plastics Hanbook", McGraw-Hill (2006)
4）緒方直哉：『重縮合』，化学同人（1971）
5）今井淑夫，横田力男編：『最新ポリイミド』，エヌ・ティー・エス（2002）
6）W. B. Black, J. Preston Ed.: "high modulus wholly aromatic fibers", Dekker (1973)
7）室橋 奬，細田 衛，井上和人，三本勲夫：『新素材Ⅲ 有機材料編』，放送大学教育振興会（1992）
8）井手文雄ら：『実用プラスチック事典』，産業調査会（1993）

■第6章
1）伊勢典夫，今西行雄，川端末尾，砂本淳三，東村俊信，山川裕美，山本雅秀：『新高分子化学序論』，化学同人（1995）

2）宮下徳治：『コンパクト高分子化学』，三共出版（2000）
3）日本化学会（編）：『化学便覧基礎編改訂第5版』，丸善（2004）
4）高分子学会（編）：『ニューポリマーサイエンス』，講談社サイエンティフィク（1993）
5）高分子学会（編），吉田 亮：『高分子先端材料 One Point 2 高分子ゲル』，共立出版（2004）
6）畑 英之：表面技術，**59**，729（2008）

■第7章
1）エンプラ技術連合会広報委員会：『エンプラの本（第4版）』エンプラ技術連合会（2004）
2）尾崎邦宏監修，松浦一雄編著：『図解高分子材料最前線』，工業調査会（2002）
3）吉田泰彦，萩原時雄，竹市 力，手塚育志，米澤宣行，長崎幸夫，石井 茂：『高分子材料化学』，三共出版（2001）
4）Z. Tadmor, C. G. Gogos: "Principles of Polymer processing", John Wiley & Sons（1979）
5）A. Ziabicki: "Fundamentals of Fibre Formation", John Wiley & Sons（1976）

さくいん

英数字

2-1 平面　26
2₁ 平面　26
2 要素モデル　54
3-1 らせん　32
3₁ らせん　32
3 大工業材料　2
3 要素モデル　57
4 要素モデル　58
aPP　31
aramid　83
atactic　31
carboxymethylcellulose　105
CF　75
EVOH　113
FPC　80, 118
FRP　126
GF　75
HDPE　39, 113
high-density polyethylene　39
hydroxypropylcellulose　100
iPP　31
isotactic　31
LCP　77
LDPE　39
linear low-density polyethylene　39
liquid crystalline polymer　77
LLDPE　39
low-density polyethylene　39
Mark-Houwink-桜田の式　16
modified poly (phenylene ether)　70
m-PPE　70
PAR　76
PGA　71
PLA　4
poly (acrylic acid)　105
poly (ethylene oxide)　100
poly (lactic acid)　4
poly (N-acryloylpiperidine)　100
poly (N-acryloylpyrrolidine)　100
poly (N-isopropylacrylamide)　100
poly (vinyl alcohol)　105
poly (vinyl chloride)　116
poly (vinyl methyl ether)　100
polyacetal　64
polyarylate　76
polyene　33
polyimide　79
polymer　1
polymer alloy　70
PPE　70
PPS　73
PVC　116
SBR　114
sPP　31
SPS　70
syndiotactic　31, 70
U ポリマー®　77
wholly aromatic polyamide　83
z 平均分子量　13

あ

アイソタクチック　31
アイソタクチックポリプロピレン　31, 110
アクリル樹脂　119, 122
アクリル繊維　125
アゾベンゼン　94
アタクチック　31
アタクチックポリプロピレン　31
頭　31
頭-頭結合　31
頭-尾結合　31
圧縮成形　21
アニオン重合　8, 65
アピカル®　80
網状高分子　20, 21, 115
アミド結合　92
アラミド　83
イオン交換樹脂　90
イソタクチック　31
一次構造　24, 92
一次転移点　19
インフレーション法　126
ウィリアムソン合成　75, 76
ウベローデ希釈型の粘度計　15
ウルテム®　82
ウルトラスーパーエンプラ　62
永久ひずみ　58
液晶　76, 85
液晶性ポリアリレート　76, 77
液晶紡糸法　87
液晶ポリマー　77
液体クロマトグラフィー　44
エステル交換法　69
エステル結合　92
エチレン-ビニルアルコール共重合体　113
エーテル結合　92
エネルギー弾性　53
エポキシ樹脂　117
エラストマー　30
エンジニアリングプラスチック　63
延伸　50
エンドキャッピング　66
エントロピー弾性　52
エンプラ　62
尾　31
応力　51
応力緩和　54
応力緩和曲線　55
応力-ひずみ曲線　51
押出成形　21
押出成形機　82, 116, 126
オゾン化ゴム　43
オーラム®　81

か

開環重合　11, 68
開環重合付加反応　79
解重合　66, 72
塊状重合　120
界面重合法　77, 84
化学ゲル　106
架橋結合　20
架橋反応　95
架橋密度　106
過酸化ベンゾイル　88
荷重たわみ温度　75
数平均分子量　13
可塑剤　116
カチオン重合　8, 66
カプトン®　79
ガラス繊維　74, 75, 112
ガラス繊維強化品　73
ガラス転移　17
ガラス転移温度　17
加硫　2
カルボキシメチルセルロース　105
感温性高分子　99
還元粘度　15
感光性基　94
感光性高分子　90, 95
乾式紡糸　23
緩和時間　55
機械的性質　51, 79

さくいん

絹　123
機能性高分子材料　90
球晶　27
共重合　9, 66, 77, 78
共重合体　8
極限粘度　15
極性　85, 105
極細繊維　124
金属　2
グッタペルカ　34
グリコシド結合　92
クリープ回復曲線　56
クリープ曲線　56
クリープ現象　55
結合エネルギー　43
結晶化度　16, 35, 94
結晶性高分子　17
結晶領域　35
ケブラー®　85
ゲル　91, 106
ゲルパーミエーションクロマトグラフィー　44
ゲル紡糸法　87
光架橋　95
高吸水性材料　90, 105
高強度・高弾性率繊維　84
交互共重合体　24
高次構造　26, 106
合成高分子　3
合成ゴム　3
合成樹脂　62
合成繊維　3, 123
酵素　43
光電エネルギー変換高分子　90
高倍率延伸　86
高分子　1
高分子医薬　90
高分子合成反応　75
高分子材料の劣化　43
高分子触媒　90
高分子のイメージ　1
高密度ポリエチレン　18, 113, 114
ゴーシュ　26
コーネックス®　84
ゴム　3
ゴム弾性　107
固有粘度　15
コロイド粒子　103
コンフィグレーション　25
コンポスト化処理　94
コンホメーション　25

さ

ザイロン®　86
酸化カップリング重合　70
三次元網目構造　95
サーマルリサイクル　3
シシ-カバブ結晶　27
シス型構造　25
湿式紡糸　22
射出成形　21, 81
重合度　7
重縮合　10
重付加　10
重量平均分子量　13
樹枝状結晶　27
瞬間弾性　57
親液性液晶　77
人工関節　121
シンジオタクチック　31
シンジオタクチックポリスチレン　70
シンジオタクチックポリプロピレン　31
水素結合　50, 101
水和　99
スチレンブタジエンゴム　114
スーパーエンジニアリングプラスチック　73
スーパーエンプラ　62, 73
スミカスーパー®LCP　77
成形性　5
生体高分子　13
生体模倣材料　98
生分解性　71
生分解性高分子材料　44
生分解性プラスチック　92
生分解性ポリマー　4
絶縁材料　2, 115
セルロイド　127
セルロース　1, 92, 121, 123
繊維　3, 23
繊維強化プラスチック　126
繊維周期　26
線状高分子　20
扇状ミセル　27
先端複合材料　75
全芳香族ポリアミド　83
全芳香族ポリエステル　76
相転移温度　99
相溶　70
相溶化剤　70
疎水性水和　101
疎水性相互作用　101

た

対数粘度　15
耐トラッキング性　116
ダイニーマ　87
耐熱性　32
耐熱性高分子　83
耐熱性繊維　83
ダッシュポット　54
多糖類　92
多分散度　14
弾性率　51
炭素繊維　75
タンパク質　13, 93
単量体　4
遅延時間　56
チーグラー-ナッタ触媒　8
超延伸　88
超高分子量ポリエチレン　87, 121
超耐熱性　79, 80
直鎖高分子　24
直鎖状低密度ポリエチレン　39
直接重合法　69
低温溶液法　84
ディスポーザブル注射器　122
低密度ポリエチレン　20, 116
テクノーラ　85
電気的性質　79
天然高分子　92
デンプン　93
動的損失弾性率　60
動的貯蔵弾性率　60
動的粘弾性　59
導電性高分子　90, 91
ドナン平衡　107
トラッキング現象　116
トランス　26
トランス型構造　25

な

ナイロン6　67, 68
ナイロン66　10, 18, 67
ナイロン11　67, 93
ナイロン12　67
ナイロン塩　68
ナイロン繊維　124
軟化点　17
軟質塩化ビニル　112, 116
二次構造　25
二次転移点　19
ニトロセルロース　127
ニュートンの粘性の法則　54
ニューマン投影図　26
尿素樹脂　115
ネガ型フォトレジスト　109
熱可塑性エラストマー　127
熱可塑性樹脂　21
熱硬化性樹脂　21, 115
粘弾性　53
熱的液晶　77
熱的性質　17, 79
粘度平均分子量　13

粘度法　14
ノボラック樹脂　11, 21
ノーメックス®　84

は

バイラテラル構造　125
ハギンス（Huggins）の式　15
ハギンス定数　15
ばね　54
パラ系アラミド　85, 114
半乾湿式紡糸法　87
汎用プラスチック　116
ヒアルロン酸　121
ビオノーレ　93
光分解　95
光分解型高分子　96
非晶性高分子　17, 20
非晶性ポリアリレート　76
非晶領域　35
ビスフェノールA　64
ビスフェノールB　72
ビスフェノールS　76
ひずみ　51
非熱可塑性樹脂　21
ヒドロキシプロピルセルロース　100
ビニロン　130
比粘度　15
封止材　118
フェノール樹脂　21, 115
フォークト模型　55
フォークト模型の基本方程式　56
フォトレジスト　97
付加重合　8
付加縮合　10
複合材料　75
複素環状高分子　86
ブチルゴム　114
フックの法則　51, 54
物理化学的性質　92, 94
物理ゲル　106
ブラウン運動　101, 104
プラスチック　3, 62
フレキシブルプリント　118
フレキシブルプリント回路　79
ブロック共重合体　24, 25
分解反応　95
分岐高分子　24
分岐状高分子　20
分子内脱水反応　80
分子量分布曲線　14
平均分子量　13
平面ジグザグ構造　25
ペプチド結合　92
ペレット　5
変性ポリフェニレンエーテル　70

ベークライト®　2, 115
芳香族求核置換反応　75, 76
芳香族ポリアミド　10
紡糸　50
膨潤　19
ポジ型フォトレジスト　97
ポリ(p-フェニレンテレフタルアミド)　85
ポリ(p-フェニレンベンゾビスオキサゾール)　86
ポリアクリル酸ナトリウム　105
ポリアクリロイルピペリジン　100
ポリアクリロイルピロリジン　100
ポリアクリロニトリル　18, 125
ポリアセタール　18, 65
ポリアセタール共重合体　66
ポリアセチレン　91
ポリアニリン　91
ポリアミド　63
ポリアミド酸　79
ポリアリレート　76
ポリイソプレン　18
ポリイソプロピルアクリルアミド　100, 102
ポリイミド　5, 79, 117
ポリウレタン　10
ポリエステル繊維　124
ポリエチレン　116, 126
ポリエチレンオキシド　91, 100, 133
ポリエチレングリコール　99
ポリエチレンテレフタラート　18
ポリ（エチレン/ビニルアルコール）共重合体　114
ポリエーテル　70
ポリエーテルイミド　82
ポリエーテルエーテルケトン　75
ポリエーテルスルホン　75
ポリエン　33
ポリ塩化ビニリデン　18, 125
ポリ塩化ビニル　18, 116, 123
ポリオキシメチレン　18
ポリカーボネート　63, 111, 118
ポリグリコール酸　71
ポリクロロプレン　3
ポリ酢酸ビニル　23
ポリジメチルシロキサン　18
ポリスチレン　18, 128
ポリチオフェン　91
ポリテトラフルオロエチレン　18
ポリ乳酸　4, 11, 44, 93
ポリヒドロキシ酪酸　93
ポリビニルアルコール　91, 105
ポリビニルピロリドン　120
ポリビニルメチルエーテル　100
ポリフェニレンエーテル　70

ポリフェニレンスルフィド　73
ポリブタジエン　18, 25, 34
ポリブチレンサクシネート　93
ポリブチレンテレフタラート　69
ポリフッ化ビニリデン　91
ポリプロピレン　9, 18, 111, 122, 126
ポリペプチド　92
ポリマー　1
ポリマーアロイ　70
ポリメタクリル酸2-ヒドロキシエチル　120
ポリメタクリル酸メチル　91, 111, 119, 120
ポリリン酸　86

ま

マタービー　93
マックスウェルの基本方程式　54
マックスウェル模型　54
マルテーゼクロス　27
ミクロブラウン運動　17
無機高分子　2
メタクリル樹脂　76, 111
メタ系アラミド　10, 84
メタロセン触媒　71, 88
モノマー　4

や

有機高分子　2
融点　17, 19
誘電率　79
ユーピレックス®　80
ユリア樹脂　115
溶解　19
溶融重縮合　77
溶融紡糸　21
羊毛　125

ら

ラジカル重合　8
らせん構造　25
ラミネート　134
ラメラ結晶　27
ランダムコイル　25
リオトロピック液晶　77
立体規則性　25, 71, 110
臨界下限分子量　49
レオロジー　54
レゾール樹脂　11, 21
連鎖移動　12

わ

ワイセンベルク効果　23

著者略歴

井上 和人（いのうえ・かずと）
1972年 山形大学大学院工学研究科修士課程高分子化学専攻修了
現　在 福島工業高等専門学校名誉教授
　　　 工学博士
専　門 高性能高分子，高分子合成

清水 秀信（しみず・ひでのぶ）
2000年 慶應義塾大学大学院理工学研究科博士後期課程
　　　 物質科学専攻修了
現　在 神奈川工科大学応用バイオ科学部応用バイオ科学科教授
　　　 博士（工学）
専　門 機能性高分子，有機化学

岡部 勝（おかべ・まさる）（故人）
1977年 信州大学大学院繊維学研究科修士課程
　　　 繊維化学工学専攻修了
　　　 （元）神奈川工科大学応用バイオ科学部応用バイオ科学科教授
　　　 理学博士
専　門 高分子物性，高分子構造

編集担当　太田陽喬（森北出版）
編集責任　富井　晃（森北出版）
組　　版　創栄図書印刷
印　　刷　　同
製　　本　　同

物質工学入門シリーズ
基礎からわかる高分子材料　© 井上和人・清水秀信・岡部　勝　2015

2015年12月17日　第1版第1刷発行　　【本書の無断転載を禁ず】
2024年 2月19日　第1版第4刷発行

著　者　井上和人・清水秀信・岡部　勝
発行者　森北博巳
発行所　森北出版株式会社
　　　　東京都千代田区富士見1-4-11（〒102-0071）
　　　　電話 03-3265-8341／FAX 03-3264-8709
　　　　https://www.morikita.co.jp/
　　　　日本書籍出版協会・自然科学書協会　会員
　　　　JCOPY ＜（一社）出版者著作権管理機構　委託出版物＞

落丁・乱丁本はお取替えいたします
Printed in Japan／ISBN978-4-627-24581-5